KB066787

고양이를 제대로 이해하는 법

고양이는 처음이라

핫토리 유키 지음
박현정 옮김

이아소

시작하며

'고양이라는 동물에 대해 제대로 알 수 있고, 함께 즐겁게 안심하고 살기 위한 정보를 모두 모아보자.' 이런 마음으로 이 책을 발간하게 되었습니다.

고양이와 함께 사는 사람, 고양이를 좋아하는 사람이 부쩍 늘어 화제가 되고 있습니다. 동물을 좋아하거나 반려동물과 함께 살아본 경험이 있다면 그들이 우리에게 얼마나 위로가 되는 존재인지 크게 공감하시리라 생각합니다. 그중에서도 고양이는 사람과의 생활에 친화적이고, 사랑스러운 몸짓과 살짝 변덕스러우면서도 신비로운 매력을 지녀 많은 팬을 거느리고 있습니다.

하지만 고양이가 살아 있는 생명체라는 것은 두말할 필요가 없습니다. 고양이를 사랑하는 팬이 늘어나는 것은 기쁘지만 이것이 일시적인 붐이나 일종의 트렌드가 되어서는 안 될 것입니다. 생명체를 사랑한다는 것은 좋은 점, 귀여운 점뿐 아니라 힘든 일이나 어려운 일까지 아울러 모든 것을 이해하고 상대를 소중하게 대한다는 뜻이기 때문입니다.

사람을 상대로 할 때는 서로 의견을 주고받으며 대화와 양보가 가능합니다. 기브 앤 테이크(Give and Take)라는 말도 있습니다. 하지만 인간을 제외한 동물과는 우리가 쓰는 언어로 소통할 수가 없습니다. 그렇기 때문에 그 동물의 행동이나 표정, 울음소리 등 드러내는 모든 것을 통해 기분을 헤아리고 이해해야 합니다.

고양이는 자신의 주인에게 많은 시그널을 보냅니다. 본능적

으로 신중하고 섬세한 특성을 지닌 고양이가 신뢰하는 상대에게만 보내는 메시지입니다. 잘 파악해서 적절하게 대응해주면 고양이와 함께하는 생활이 좀 더 즐겁고 충실해질 것입니다.

고양이에게도 개성이 있고, 행동이나 정서도 개체별로 차이가 있습니다. 그렇다고는 해도 고양이라는 종이 지닌 어느 정도의 공통된 행동이나, 상대방에게 보이는 신호도 많습니다.

이를 파악하기에 앞서 반드시 기억해두어야 할 것이 있습니다. 첫째, 고양이의 일반적인 성질이나 행동에 대해 기본적인 지식을 가지고 애묘를 잘 관찰하기, 둘째, 고양이의 행동이나 기분을 인간에게 멋대로 맞추지 않기, 이 2가지를 명심하면 한층 마음이 잘 통하리라 생각합니다.

곁에서 마음을 놓고 태평하게 잠든 모습이나, 주인이 집으로 돌아오기를 기다렸다가 한달음에 달려오는 모습, 식사를 마친

후 흡족한 듯 혀로 털을 정리하는 모습, "놀아줘" "만져줘" "안아줘" 하며 어리광 부리는 모습, 때로 불러도 무시하거나 쓰다듬으려고 하면 스르르 도망가버리는 무정한 모습까지…. 이 모든 것이 우리에게 위로이자 사랑스러운 메시지가 됩니다.

고양이와 고양이를 사랑하는 사람이 행복한 관계를 이루어나가기를 바라는 바람을 이 책에 담았습니다. 여러분 모두 고양이와 함께하는 생활이 더욱 행복해지길 바랍니다.

차례 …… 고양이는 처음이라

제1장 고양이의 몸

제 2 장 초보 집사가 꼭 알아야 할 기초 지식

제 3 장 고양이와 해피 라이프

제 4 장 생활 속 궁금증과 올바른 케어

❷ 고양이 건강관리 편

제 5 장 알아두면 쓸모 있는 고양이 잡학 사전

등장인물

네네

고양이와 살기 시작한 지 아직 1년밖에 되지 않은 신참 집사. 주말에 집에서 도라키치와 노는 게 요즘의 낙.

도라키치

네네와 함께 사는 아메리칸 쇼트헤어, 수컷. '도라(호랑이)'라는 이름에 지지 않을 정도로 기운 넘치는, 한 살 난 장난꾸러기 고양이.

아이

네네의 회사 동기. 최근 반려동물을 키울 수 있는 집으로 이사했다. 고양이를 좋아하지만 아직 지식은 부족한 편.

이누야마 전무

네네와 아이가 근무하는 회사의 전무. 일견 강아지파(이름의 '이누'는 개라는 뜻-옮긴이)로 보이지만 실은 고양이 기른 지 30년 차인 베테랑 집사.

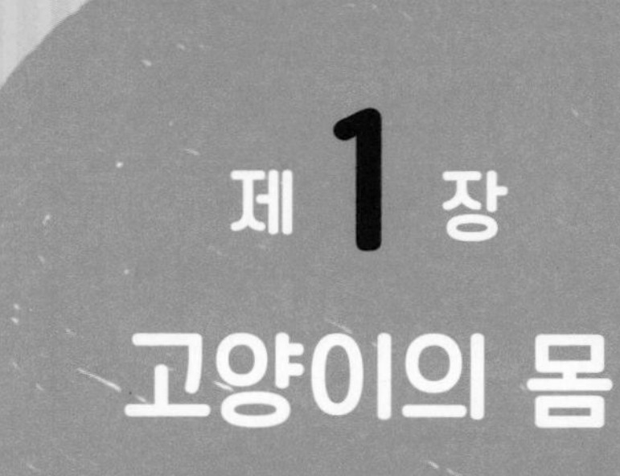

제 1 장 고양이의 몸

냐옹 맨션

나 왔어

찰칵

네네
30대·회사원

도라키치!
마중
나와줘서
고마워!

냐

애묘·도라키치, 한 살

똑똑해

똑똑해

똑똑해

똑똑해

골 골 골

…그런데
집에 돌아오는
시간을
어떻게
알았을까?

와, 고양이는 청력이 대단하구나

고양이는 주인이 귀가하는
작은 소리를 듣고
문이 열리기 전에
현관에서 기다리기도 한다

그치

……

도라키치는 내 발소리를 알아듣는 거네

아작 아작

아작 아작 아작

어, 모른 척하네

다 들리면서 모르는 척하는 거야?

그래? 그래?

밥

맛있나 보네…

……

아작 아작

소리 없이 걸을 수 있다

후각도 좋다!

혀에도 비밀이!

and more!

여하튼 고양이의 능력은 대단하네~

팍

팍

동체 시력도
아주 좋은 것
같아…

휙바박박박

늘 느끼는
거지만

동공이 동글

흐응—

고양이 눈은
확확 바뀌어서
재미있어

멈칫

?

장난감이 멈췄네

움직이지 않는 물건에는 흥미가 없구나…

?

움직였다—!!

고양이는 정말 특이해. 고양이에 대해 잘 알면 더 즐겁게 지낼 수 있겠지?!

고양이 눈

어두운 곳에서 움직이는 사냥감을 잡기 위해 특화된 눈

여성스러움 UP!?

동공을 조절해서 어두운 곳에서도 활동 가능

야행성인 고양이의 눈은 어두운 장소에서 생활하기에 적합한 기능을 지니고 있다. 인간보다 약 3배 정도까지 커지는 동공이 특징. 밝은 장소에서는 눈에 들어오는 빛을 줄이기 위해 동공이 작아지고 어두운 장소에서는 빛에 대한 감도를 높이기 위해 동공이 커진다.

빛에 대한 감도는 인간의 6배 이상이나 되며, 동체 시력(움직이는 물체를 볼 때의 시력－옮긴이)과 넓은 시야를 겸비해 어두컴컴한 다락에서도 얼마든지 쥐를 잡을 수도 있다.

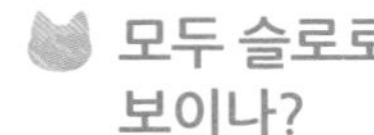

모두 슬로로 보이나?

뛰어난 동체 시력을 갖고 있지만 정체 시력은 떨어지는 고양이. 그래서 멈춰 있는 사물에 반응하지 않는 경우도 있다. 동체 시력이 좋아서 텔레비전이 프레임 단위로 보인다는 설이 있을 정도다.

시력이 나쁘고 색에 약하다

고양이는 시력이 0.2~0.3 정도여서 멀리 있는 물건을 잘 보지 못한다. 대신 시야가 넓고 빛에 대한 감도가 높은 데다가 청력이 뛰어나서 시력이 좋지 않은 걸 보완해준다. 또 파란색과 노란색은 인식하지만 빨간색은 인식하지 못해 거무스름하게 보인다고 한다.

고양이 눈이 어둠에서 빛나는 이유

고양이의 눈에는 인간에게는 없는 '터피텀Tapetum'이라는 반사층이 있다. 터피텀을 통해 효과적으로 빛을 모으기 때문에 어두운 장소에서도 부딪히지 않고 이동할 수 있다. 밤에 고양이의 눈이 반짝여 보이는 건 터피텀에 반사된 빛 때문이다.

MEMO

고양이 동공의 크기는 흥분할 때나
공포를 느낄 때처럼 감정의 변화에 의해서도 바뀐다.

고양이 귀

인간보다 8배나 뛰어난 청각으로 정보를 수집

눈보다 귀!
정보는 기본적으로 귀로 입수

고양이의 귀는 매우 고성능이다. 어두운 장소에서도 먹잇감의 움직임을 충분히 감지할 수 있을 정도이며, 이는 사람에 비해 8배, 개에 비해서도 2배나 뛰어난 청각을 자랑한다. 고양이는 귀, 코, 눈의 순으로 외부의 정보를 얻는다. 이는 시각을 통해 얻는 정보가 80%인 인간과 크게 차이가 난다.

귀 끝에는 '방모'라고 하는 보들보들한 털이 나 있다. 바람의 방향을 느끼거나 음파를 감지하기 위한 털인데 성장하면서 점차 짧아진다.

주인의 귀가를 귀로 빨리 알아차린다

귀가해 대문을 열었더니 고양이가 현관에 나와 기다린 경험이 있을 것이다. 고양이는 청각이 뛰어나서 주인의 차 소리나 다가오는 발걸음 소리를 듣고 먼저 마중 나와 있는 것이다.

개미 발소리도 들을 수 있다

고양이의 가청 범위를 수치로 하면 60~6만5000Hz. 아무것도 없는 곳을 계속 응시해서 간혹 "고양이가 유령을 본다"고 말하는 사람이 있다. 우리에게는 들리지 않는 벌레나 작은 동물의 발소리를 듣고 있는지도 모른다.

고양이는 여자를 좋아해?

고양이는 고음역을 잘 듣는다. 그래서인지 여성의 높은 목소리를 좋아해서 여성을 더 잘 따르는 경향이 있다고 한다.

※남성의 목소리는 약 500Hz, 여성의 목소리는 약 1000Hz, 피아노 최고음은 약 4000Hz, 모기 소리는 약 1만5000Hz, 2만Hz보다 높은 소리는 '초음파'라고 한다.

MEMO

고양이의 귀는 소리가 들려오는 방향이나 거리를 가늠하기 위해 좌우 180도로 회전할 수 있다.

고양이 코

고양이 후각의 비밀은 기억량에 있다

깜찍한 고양이 코
몸의 안전 지킴이

청각 다음으로 발달한 것이 후각이다. 특히 뛰어난 점은 냄새를 감지하는 능력이 아니라 냄새를 구별해내는 능력이다. 자신의 영역에 외부의 적이 침투했는지, 먹어서 안전한 것인지 냄새를 통해 판단한다. 고양이는 해독 능력이 떨어지기 때문에 뛰어난 후각이 매우 중요하다.

개는 냄새를 맡을 때 킁킁 하고 코안을 넓혀서 공기를 많이 들이마신다. 하지만 고양이는 비공이 작아서 공기를 많이 들이마실 수 없다. 그래서 고양이는 대상물에 닿을 정도로 코를 가까이 대고 냄새를 맡는다.

인간 이상, 개 미만인 고양이의 후각

후각의 차이를 결정짓는 것은 코 점막에 있는 '후각 수용체'라는 세포다. 이 세포가 인간에게 1000만 개. 고양이에게는 6000만 개, 경찰견으로 활약하는 독일셰퍼드에게는 2억 개나 존재한다고 한다.

졸리면 코가 건조해진다

건강한 고양이의 코는 적당하게 축축한 상태를 유지한다. 왜냐하면 냄새 분자는 축축한 것에 잘 흡착하기 때문이다. 그러나 휴식을 취하고 있을 때나 졸릴 때, 수면 중에는 표면이 말라 있는 경우가 많다. 건조한 코는 졸음이 온다는 사인인지도 모른다.

부러워? 코털 없는 생활

사람의 코에는 있고 고양이의 코에는 없는 것, 그것은 바로 코털이다. 코털은 코안에 먼지가 들어가지 않도록 하는 필터 같은 것이다. 고양이에게 이것이 없는 이유는 명확하지 않다. 어쨌든 코털이 삐져나온 모습을 보면 100년의 사랑도 식는다는 말이 있는데 필시 고양이에게는 그런 불상사는 없을 듯하다.

MEMO

고양이 코가 축축한 건 바람의 방향이나 온도 차를 쉽게 감지하기 위해서다. 귀여운 데다 기능성도 만점.

고양이 수염

전신에 나 있는 수염으로 모든 것을 감지

단지 귀여운 장식이 아니네, 고양이 수염!

'감각모'라는 별칭을 가진 고양이의 수염은 흔히 '고감도 센서'라 표현하기도 한다. 이는 수염의 모근 주위에 지각신경이 대단히 발달해 있어서 수염 끝에 무언가가 닿으면 이 정보가 순식간에 뇌에 전해지기 때문이다.

갓 태어난 아기 고양이는 눈이 보이지 않지만 수염으로 엄마 젖을 찾을 정도다. 어두운 장소에서 활동할 때도 유용한, 뛰어난 감각기관 중 하나다. 수염은 다른 털보다 3배 정도 더 깊이 피부에 박혀 있으므로 잡아당기면 많이 아파한다. 주의!

미세한 공기의 진동도 감지!

수염 끝에 무언가가 닿으면 순식간에 뇌에 정보가 전해진다. 미세한 공기의 움직임도 감지할 수 있다. 옛날에는 "고양이의 수염을 뽑으면 쥐를 잡지 못하게 된다"는 속설이 있을 정도로 고양이에게는 중요한 기관 중 하나다.

발과 눈 위에도 수염이 있다?!

수염이라고 하면 입 주변에 난 털을 떠올리는 것이 일반적이다. 하지만 고양이의 경우는 입 주변 외에도 뺨, 눈 위쪽, 앞 발목의 안쪽까지 나 있는 딱딱하고 긴 털을 모두 통틀어 일컫는다. 몸을 덮은 털의 두께는 지름이 0.04~0.08mm인 데 반해 수염은 약 0.3mm다.

수염의 길이로 가늠한다

문틈이나 좁은 담 사이로 스르르 유연하게 들어가는 고양이를 목격한 적이 있을 것이다. 실은 수염의 끝을 이어 원을 그리면 그게 바로 고양이 몸이 통과할 수 있는 크기다. 지나가고 싶은 장소에 수염을 대봐서 자신이 통과할 수 있는지를 확인한다.

MEMO

고양이 수염은 정기적으로 빠지고 새로 난다. 빠져서 떨어진 수염을 주워서 소중하게 보관하는 수집가도 있다고 한다.

고양이 혀

몸단장에서 감정 표현까지…… 다채롭게 활약한다

혀로 핥는 건 애정이 있다는 증거

함께 생활하다 보면 고양이가 종종 손을 핥고 있는 것을 경험하게 된다. 이는 당신에게 애정을 느낀다는 증거다. 사이가 좋은 고양이끼리는 자신의 혀가 닿지 않는 얼굴 주변을 서로 핥아주며 그루밍(동물이 혀나 발톱 등을 이용해 몸을 깨끗이 유지하는 것–옮긴이)을 해준다. 연장선에서 주인에게도 똑같이 친근한 감정으로 손을 핥는 것이다. 자고 있을 때 고양이가 얼굴을 핥는다는 얘기도 적지 않게 듣게 된다. 물론 똑같이 해주겠다고 고양이의 얼굴을 핥는다면? 아마 혀가 온통 털투성이가 되겠지…!

까칠까칠한 혀의 정체

고양이가 핥으면 '사악사악' 하는 소리와 함께 까슬까슬한 감각이 피부에 전해진다. 이 까슬까슬함의 정체는 고양이 혀에 있는 '사상유두'라고 불리는 돌기다. 안쪽으로 빽빽하게 나 있어서 입안에 삼킨 물 같은 음식물이 밖으로 나오지 못하게 하는 구조로 되어 있다.

혀는 고양이의 만능 도구

사상유두는 물을 섭취하기 좋은 구조로 되어 있을 뿐 아니라 식사할 때 고기를 자르는 줄과 같은 역할을 한다. 또 그루밍을 할 때는 브러시와 빗 역할까지 하므로 고양이에게는 없어서는 안 될 만능 도구이다. 만약 혀에 염증이 생기면 바로 병원에 데리고 가야 한다.

단맛
못 느낌

감칠맛
느낌

짠맛
느끼기 어려움

쓴맛
강하게 느낌

신맛
강하게 느낌

실은 짠맛과 단맛을 모른다

고양이는 독성 물질을 피하기 위해 쓴맛에 민감하다. 또 부패한 음식을 먹지 않기 위해서 신맛도 강하게 느낄 수 있다. 고양이가 감귤계의 냄새를 싫어하는 이유도 같은 원리일 것이다. 그밖에 감칠맛을 느낄 수 있지만 짠맛은 느끼기 어렵고 단맛은 아예 분별하지 못한다고 한다.

MEMO

까슬까슬한 혀를 이용해 물을 마시는 고양이.
혀끝을 알파벳 'J'처럼 구부려서 물을 퍼 올린다.

고양이 이

천진난만한 얼굴을 하고 날카로운 어금니를 숨긴 냥이

육식동물임을 상기시키는 이빨

고양이는 육식동물이다. 당연한 말을 하는 듯하지만, 요즘 고양이의 먹이가 대부분 오독오독 씹어 먹는 사료이고 귀여운 외모 때문에 육식동물이라는 사실을 잊어버리는 일이 흔하다.

고양이가 육식동물임을 분명히 알려주는 것이 이빨이다. 고양이 이빨은 크게 나누어 뼈에서 고기를 발라내는 '앞니', 달려들어 먹잇감을 포획하는 '송곳니', 큰 고기를 잘게 자르는 '어금니'로 나뉘는데 모두 매우 날카롭다. 예리한 이빨로 고기를 씹지 않고 잘라서 먹는다.

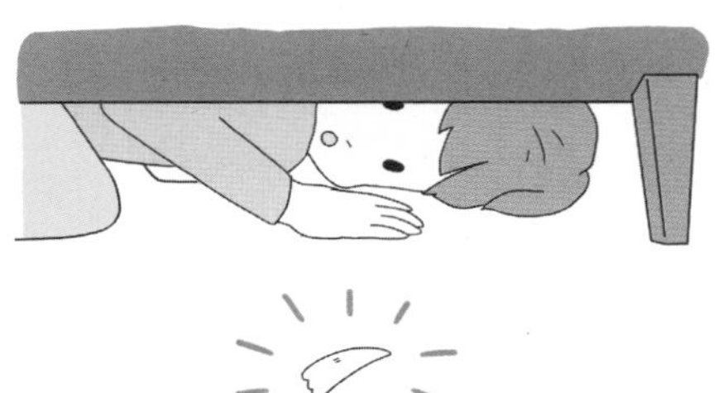

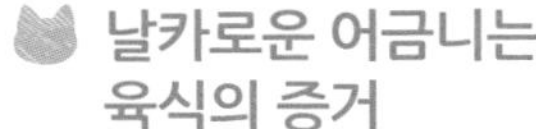

발견하기 쉽지 않은 젖니

의외로 잘 알려져 있지 않지만 고양이도 자라면서 이를 새로 간다. 고양이가 빠진 젖니를 삼켜버리거나, 방에 빠져 있어도 눈치채지 못하고 있다가 청소기에 빨려 들어가는 경우가 많다. 젖니는 전부 26개. 생후 3개월부터 8개월 경까지 전체적으로 이갈이를 한다.

날카로운 어금니는 육식의 증거

인간의 어금니는 음식을 갈아서 으깨기 위해 평평한 구조로 되어 있지만 고양이의 어금니는 전부 뾰족해서 커다란 고기를 잘게 자를 수 있도록 되어 있다. 보통 때는 귀엽고 깜찍한 얼굴로 홀딱 혼을 빼놓지만 이빨을 보면 육식동물이라는 것을 확인할 수 있다.

장도 육식 구조로 되어 있다

눈에 보이지 않는 곳에도 고양이가 육식동물이라는 것을 알려주는 증거가 있다. 그건 바로 장의 길이. 초식동물인 양은 소화에 필요한 시간이 길어서 장 길이가 몸길이의 약 25배까지 된다. 하지만 고양이는 장 길이가 몸길이의 4배 정도밖에 되지 않는다.

MEMO

고양이의 이가 갈색으로 변할 때는 치석이 쌓여 있을 가능성이 있으므로 병원에 데리고 갈 것!

고양이 육구

귀여움은 물론 성능까지 발군

폭신 폭신

귀엽고 실용적인 고양이 전용 쿠션

수염이나 귀와 더불어 고양이를 표현하는 아이콘의 하나가 육구다. 만지면 매끈매끈하고 누르면 폭신폭신한 육구를 좋아하는 사람이 대단히 많다. 육구 모양을 따서 디자인한 고양이 용품, 육구를 찍은 사진집까지 판매하고 있을 정도다. 육구는 귀여울 뿐 아니라 뛰어난 기능까지 겸비하고 있다. 이것을 영어로 '패드Pad'라고 부를 만큼 훌륭한 쿠션 역할을 한다. 실내에서 조용히 이동하거나 높은 곳에서 전혀 소리를 내지 않고 안전하게 착지할 수 있는 것은 바로 육구가 있기 때문이다.

높은 곳도 문제없어

"방금 전까지 곁에 있는 것 같더니 어느 순간 감쪽같이 사라져버렸어." 고양이와 살다 보면 이런 상황을 많이 경험한다. 소리도 내지 않고 이동하거나 높은 곳에서 뛰어내려도 사뿐히 착지하는 것은 쿠션 역할을 하는 육구 덕분이다.

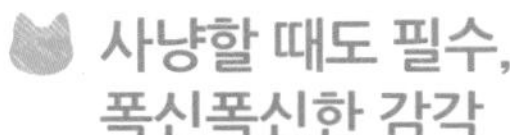

사냥할 때도 필수, 폭신폭신한 감각

기척을 최대한 줄이고 등 뒤로 다가가 발톱으로 먹잇감의 숨통을 끊어놓는 것이 고양이의 사냥법. 이때 폭신한 육구가 발소리를 감춰주는 매우 중요한 역할을 한다. 집고양이도 부드럽고 귀여운 육구의 매력으로 주인을 홀딱 빠지게 만들어서 먹을 걸 주게 만드니 그런 점에서도 역시 프로 사냥꾼인 듯.

고양이가 유일하게 땀을 흘리는 부위

방바닥에 육구 모양이 찍혀 있는 것을 본 적이 있는지. 대단히 미약하긴 하지만 땀샘이 있는 육구는 유일하게 땀을 배출하는 부위이다. 육구에서 나오는 땀은 미끄럼 방지 역할뿐 아니라 영역을 표시하는 마킹에도 이용된다.

MEMO

장모종의 경우 육구 주변에도 긴 털이 나 있다.
이 털이 너무 자라면 고양이가 미끄러져
다치는 경우가 있으므로 정기적으로 잘라주어야 한다.

고양이 발톱

사랑스러운 고양이의 야성적인 반전

사냥꾼이 숨기는 필살의 칼

고양이를 키우다 보면 같이 놀다가 고양이 발톱에 걸린 경험이 한 번쯤 있을 것이다. 고양이 발톱은 쥐와 같은 먹잇감의 숨통을 끊기 위한 비장의 무기다.

집에서 애완동물로 함께 살다 보면 사냥꾼으로서 고양이의 모습을 볼 기회가 없다. 그러나 장난감 등으로 수렵 본능을 자극해보면 발을 놀리는 속도가 엄청나다는 것에 놀란다. 고양이가 발톱을 가는 것은 중요한 사냥 도구를 정비하는 행동이다.

평소에는 발가락 속에 발톱을 숨기고 있다.

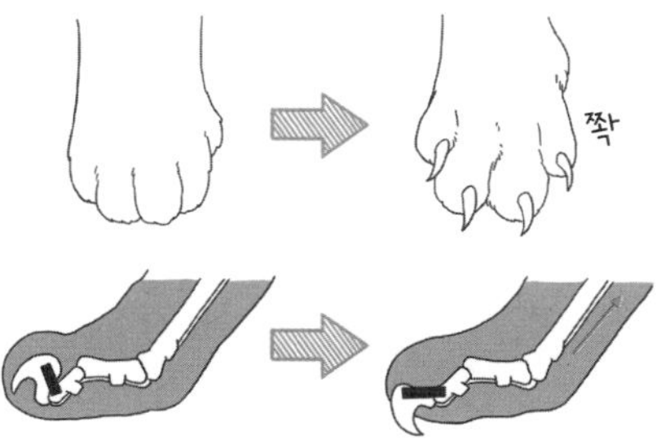

발톱을 숨기는 칼집까지 상비

고양이는 발톱을 필요할 때만 나오게 할 수 있다. 이런 뛰어난 기능 덕분에 개가 걸을 때는 발톱이 바닥에 닿는 소리가 나지만 고양이는 감쪽같이 조용하다. 이는 발톱을 안으로 숨길 수 있기 때문이다. 발가락과 발가락 사이의 피부가 칼집처럼 되어 있어서 필요에 따라 힘줄을 당겨서 발톱을 넣었다 빼곤 한다.

뾰족한 발톱은 사냥꾼의 증거

고양이가 발톱 갈기를 하는 건 사냥에 만전을 기하기 위한 무기 손질과 같다. 다만 줄로 가는 방식이 아니라 둥글게 닳은 낡은 발톱을 떨어져 나오게 해서 발톱을 날카롭게 유지한다.

부딪치네요…

수컷은 왼손잡이

암컷은 오른손잡이

고양이에게도 오른손잡이, 왼손잡이가 있다

오랜 세월 동안 인간 이외에는 오른손잡이, 왼손잡이가 없다고 했지만 최근 들어 영국에서 고양이 중에도 오른손잡이, 왼손잡이가 있다는 연구 결과를 발표했다. 이 연구에 따르면 수컷은 왼손잡이, 암컷은 오른손잡이인 경향이 있다고 한다.

MEMO

고양이는 생후 약 6개월까지는 좌우 앞발을 동일하게 사용한다. 생후 약 1년이 지나면 어느 쪽인지 경향이 나온다고 한다.

고양이 꼬리

꼬리를 이용해 대화도 하고 이동도 한다

꼬리의 3가지 중요한 역할

귀나 육구처럼 고양이 하면 떠올리는 상징 중 하나가 바로 꼬리다. 고양이 꼬리는 '균형 잡기' '감정 표현' '마킹'이라고 하는 매우 중요한 3가지 역할을 한다. 그중에서 특히 감정 표현의 기능이 매우 뛰어나서 "꼬리를 보면 고양이 기분을 알 수 있다"고 말하는 사람이 있을 정도다. 고양이의 이름을 부르면 돌아보지도 않고 꼬리만 흔드는 경우가 있는데, 이는 고양이가 "듣고 있어"라고 사인을 보내는 것이다. 꼬리만으로 대화하는 쿨한 모습은 고양이에게 한층 빠져들게 만드는 매력이다.

유연함의 비밀은 이것

고양이가 이동할 때 균형을 잡는 역할을 하는 것이 고양이 꼬리다. 좁디좁은 콘크리트 블록 담장 위를 전혀 흔들림 없이 이동하거나, 높은 곳에서 뛰어내려도 안정적으로 착지할 수 있는 것은 꼬리를 전후좌우로 움직여서 균형을 잡기 때문에 가능한 기술이다.

꼬리는 감정의 결정체

고양이 꼬리는 그때그때의 감정을 여실히 드러낸다. 꼬리를 위로 곧추세운 건 신뢰하고 있다는 증거다. 고양이는 인간처럼 말을 할 수는 없지만 꼬리를 보면 무슨 생각을 하는지 알 수 있다. 그 사인을 읽어낸다면 고양이와 함께하는 생활이 한층 충만하고 즐거울 것이다.

단면도

꼬리뼈

꼬리가 자유자재로 움직이는 이유

고양이 꼬리는 꼬리뼈라는 연결된 작은 뼈 여러 개로 이루어져 있다. 또 꼬리뼈 주변에는 12개의 근육이 있고 꼬리 끝까지 신경이 연결되어 있다. 고양이가 꼬리를 전후좌우 자유자재로 움직이며 표정을 풍부하게 표현할 수 있는 것은 바로 이 복잡한 구조 덕분이다.

MEMO

습지에 주로 피는 '부들'이라는 식물을 아시는지. 부들의 이삭이 고양이 꼬리와 비슷하다고 해서 영어로 '캣테일'이라 부른다.

고양이 골격과 근육

고양이 특유의 움직임은 골격에 숨어 있다

골격만 보면 작은 호랑이

고양이 골격은 고양잇과의 동물과 거의 동일한 구조로 되어 있다. 호랑이나 표범의 골격을 그대로 축소했다고 해도 과언이 아니다.

고양이 뼈는 인간보다 38개 많은 244개다. 그중에서 특징적인 것은 등뼈를 구성하는 추골과 추골을 잇는 '추간판'이라는 연골이다. 이것이 인간에 비해 대단히 탄력이 있고 부드럽다. 덕분에 고양이는 좁은 틈도 스르르 미끄러지듯 빠져나갈 수 있는 유연성을 지녔다. 또한 척추에서 이어져 있는 꼬리뼈는 재빠르게 움직일 때 균형을 잡아준다

유연함의 이유는 극단적일 만큼 처진 어깨

고양이는 어깨가 급격하게 아래로 처져 있다. 앞다리 상부의 상완골과 견갑골이 이어져 있지만 쇄골이 어깨 관절에 연결되어 있지 않다. 다시 말해 고양이의 어깨는 고정되어 있지 않기 때문에 머리가 들어갈 정도의 틈만 있으면 어깨가 걸리지 않고 몸 전체가 스르르 빠져나갈 수 있는 것이다.

용수철과 같은 뒷발

고양이는 뒷다리 근육이 아주 발달했다. 자신의 몸길이보다 몇 배나 되는 높이의 울타리를 가볍게 점프할 수 있는 것은 바로 이 때문이다. 그뿐 아니라 용수철 같은 근육 덕분에 뛰어서 이동할 때 놀랄 만큼 날렵하다.

먹잇감의 숨통을 끊는 턱의 힘

뒷다리만큼이나 발달한 것이 턱 근육이다. 사냥할 때 어금니를 박아서 먹잇감의 숨통을 끊어놓는 역할을 하는 만큼 턱은 고양이에게 매우 중요한 부위다. 고양이에게 살짝 물려서 아팠던 기억이 생생한 사람도 부지기수일 터. 그러나 만약 고양이가 제대로 물었다면 더 비참한 일이 벌어졌을 것이다.

MEMO

고양이가 달리는 속도는? 최대속력이 시속 50km라고 한다. 또 점프할 수 있는 높이는 몸길이의 약 5배에 이른다.

고양이의 성장

생후 1년 반 만에 인간으로 말하자면 성인이 된다

고양이 나이를 사람으로 환산하면

고양이는 1년에 2~3회 번식하고, 한 회에 약 4~6마리의 새끼를 낳는다. 갓 태어난 아기 고양이는 100g 전후로, 손바닥에 올릴 정도의 크기밖에 되지 않는다. 하지만 생후 약 1년 사이에 부쩍부쩍 성장해서 체중이 4kg 전후까지 늘어난다.

고양이의 성장을 인간의 연령으로 환산하면 생후 3개월이면 5세, 9개월이면 13세, 1년 반이면 20세가 된다고 한다. 생후 5년이라면 36세, 10년이면 56세, 15년이면 76세, 20년이면 96세…와 같은 식으로 성장한다.

제 2 장

초보 집사가 꼭 알아야 할 기초 지식

띵동

네네의 휴일

오, 빨리 왔네

네네야~ 고양이 보러 왔어!

회사 동기 아이

케이크야

고마워—♥

어때? 고양이랑 동거는?

좋아—!

이상한 표정도 귀엽고

이불에서 같이 잠자고

항상 자유분방하고

그리고 또

그리고 또

발동 걸렸네…

그리고 사진도 많이 찍었어. 볼래!?
…일단 진정하고
알았어
…그런데 도라키치는?
저쪽 방에 숨어 있어
실은 나도 고양이를 키워볼까 해서…
그러고 보니 반려동물을 키울 수 있는 곳으로 이사했지? 좋은 만남이 있으면 좋겠네
어떤 고양이가 가족이 되려나—
그런데 고양이 키우기가 쉽다던데, 진짜야?
쉬워…?

쉬운
일은 아니야.
살아 있는
생명체니까
여러 가지
신경 쓸 게
있지
오물 오물
그렇구나.
뭘 신경
써야 하지?

생활환경이
변해도
계속 함께
살 수 있는지,
의료비를
확보할 수
있는지 등등…
그것이
가장 중요한
포인트겠구나

고양이의
주거 공간을
마련해준다든지…
화장실 사용법이나
발톱 가는 방법을
가르치기까지
시간이 걸리는
경우도 있어
북북
북북
마킹 하는
고양이도…
으쌰~
먹으면
안 되는 것도
많고
그렇구나

제대로
준비만 해주면
영리하게
혼자서도
집에 잘 있고…
다녀오세요
산책시킬
필요가
없다는 점에서는
손이 많이
안 가기도 하지
행복한
순간은 많아.
일하고
돌아왔을 때
고양이가 마중
나와 있으면
피곤이 싹
날아가버려
어서 와
나도
고양이를
위해서
여러 가지로
조사하고
준비해볼게
그리고
고양이를
가족으로
맞이하려면
어떤 방법이
있어?
몇 가지
방법이
있으니까
자신에게
맞는 것이
뭔지 생각해보면
좋을 거야

고양이와 만나기 전에

가족의 일원으로서 함께 잘 지내기 위해

안이한 생각은 No.
생명을 책임진다는 각오로!

실내에서 생활하는 고양이의 평균수명은 15세라고 한다. 고양이와 함께 살기 위해서는 단순히 귀여워하는 것만으로 부족하다. 주인으로서 평생 보살피겠다는 자각과 책임이 요구된다. 식사나 화장실 챙기는 것을 비롯해 건강진단이나 예방접종을 포함한 의료비 등 시간과 비용이 든다.

성별과 품종에 따라 고양이의 성격이나 케어 방법도 달라지므로 가족과 충분히 대화를 나누어 잘 맞는 고양이를 찾는다.

고양이도 장수 사회?

의료 기술의 진보와 식생활 개선으로 수명이 연장되는 건 고양이도 인간과 마찬가지다. 특히 집고양이는 길고양이에 비해 훨씬 오래 산다. 그래서 노화에 따른 간호 문제와 지병의 장기화 등 여러 고려 사항이 발생하기도 한다.

얼마나 드나?

사료나 의료비 등 비용은 생활환경이나 고양이의 체질에 따라 다르다. 평생 대략 1300만원 정도가 든다는 설도 있지만 어디까지나 평균이다. 그 정도를 최저한으로 생각하고 예상 밖의 지출 비용까지 고려해 고양이 자금을 미리 준비해두자.

거주 시 주의할 점

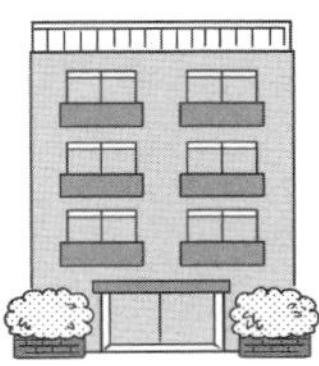

공동주택

- **몰래 키우는 것은 절대 금지**
- **고양이를 싫어하는 사람도 있다**
- **바닥에 방음 대책을!**

단독주택

- **오염이나 파손은 각오하기**
- **이웃 배려하기**
- **탈주에 주의!**

주위에 고양이를 싫어하거나 알레르기를 일으키는 사람이 있을 수 있다. 마당이나 베란다에서 털을 털 때도 주의가 필요하다. 공동주택의 경우엔 임대이든 자가이든 관계없이 규정과 규칙을 반드시 지켜야 한다. 고양이가 뛰어내릴 때 나는 소음을 막기 위한 대책도 세워두자.

MEMO 

고양이를 막상 대면하면 푹 빠지기 쉽다.
그러나 가족으로 받아들이기 전에 미리 신중하게 고려하자.

한눈에 반하는 경우도 있지만 취향과 궁합도 중요

운명의 고양이 만나러 갑니다

운명은 잡는 것, 계획을 세워서 적재적소에

집에서 키울 고양이를 만나려면 대략 '애완동물 숍' '브리더(혈통을 관리하며 교배, 번식을 전문적으로 하는 사육사–옮긴이)' 혹은 '유기동물 입양 단체' 등을 통해 가능하다. 원하는 고양이 품종을 특정하고 있다면 전문 애완동물 숍이나 브리더를 통해 만날 수 있다. 어떤 경우든 고양이의 건강 상태, 유전성 질환의 유무 등은 반드시 확인할 필요가 있다. 함께 살 고양이가 정해지면 바로 동물병원을 찾아가 건강진단을 받아야 한다. 인간에게 감염되는 병을 지니고 있을 가능성도 있기 때문이다.

 애완동물 숍

마음속으로 후보로 꼽는 숍을 여러 차례 반복적으로 방문하는 것이 좋다. 반려동물을 어떻게 대하는지, 환경은 좋은지, 손님을 잘 응대하는지 관찰하는 것도 중요하다. 상품이 아니라 생명을 다룬다는 확신이 드는 숍을 고를 것! 애프터서비스에 관해서도 제대로 확인해야 한다.

 브리더

인수인이 직접 방문하는 것을 환영하고, 사육과 교배 등의 환경을 흔쾌하게 공개하는 브리더라면 신뢰할 수 있다. 특히 혈통이 뛰어난 품종은 무리한 교배를 강제하는 케이스도 적지 않으므로 어미 고양이의 상태를 반드시 확인해야 한다.

 유기동물 입양 단체

유기동물 입양 단체는 인터넷뿐 아니라 지역 커뮤니티 등에서도 찾아볼 수 있다. 동물병원에서 입양인을 모집하기도 한다. 입양인에 대해 사전 심사나 수수료를 의무로 정한 단체도 있는데 고양이를 위해서 결정된 규칙인 경우도 많다.

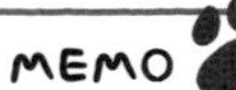

이러한 방법 외에도
길고양이를 키우는 경우도 있다. 이때도 먼저 동물병원에서 건강진단을 받고 질병 유무와 건강 상태를 확인해야 한다.

고양이를 고를 때 포인트

우리 집에 잘 어울리는 품종은?

아비시니안

몸이 낭창낭창하다. 장난을 좋아하고 우호적인 성격을 갖고 있다. 머리가 좋고 주인에게 순종적이어서 개와 비슷한 행동을 보이기도 한다. 그런 면에서 기르기가 쉬워 인기가 있다.

아메리칸쇼트헤어

고양이 중에서도 운동신경이 좋고 활발하며 호기심이 강한 성격. 사람을 좋아하고 다른 동물과도 비교적 잘 지내서 여러 마리, 다양한 품종과 함께 기르기 좋다.

믹스

잡종으로도 불린다. 다양한 털이 섞인 혼혈종. 일반적으로 순혈종보다 튼튼하며 성격도 밝고 차분하기 때문에 기르기 쉽다.

메인쿤

몸집이 유달리 큰 고양이로, 장난치면서 노는 걸 아주 좋아한다. 운동량이 많은 활발한 장모종. 성격이 밝고 느긋해서 여러 마리, 다양한 품종과 함께 기르기 쉽다.

먼치킨

가장 큰 특징은 짧은 다리. 고양이계의 닥스훈트라고 할 수 있다. 하지만 운동신경은 고양이의 전형을 보여줄 만큼 뛰어나다. 쾌활하고 호기심이 강하며 주인에게 다정한 성격.

노르웨이숲고양이

야성미가 강하고 운동신경이 뛰어난 고양이. 장모이며 체격도 좋아서 당당해 보인다. 똑똑하고 자기 영역 의식이 강한 반면 외로움을 잘 타는 측면도 있다.

래그돌

차분하고 안기는 걸 꺼리지 않는 온화한 성격, 여기에 푹신푹신 귀여운 용모로 이름도 '봉제 인형'을 의미하는 래그돌Ragdoll이다. 몸집이 큰 것도 특징으로 들 수 있다.

페르시안

푹신푹신한 장모와 살짝 짧은 다리가 귀엽다. 매우 붙임성이 있고 우호적인 성격으로 알려져 역사적으로 오래전부터 사랑받아온 품종.

스코티시폴드

접힌 귀가 특징. 스코틀랜드에서 돌연변이로 태어났다. 완전하게 접힌 귀는 여전히 희귀하다. 온화하고 사람을 잘 따르는 성격이어서 기르기 쉬운 품종으로 매우 인기가 있다.

러시안블루

벨벳처럼 반들반들한 회색 단모종. 주인을 잘 따르지만 겁이 많은 성격이기도 하다. 우는 소리를 별로 내지 않는다.

싱가퓨라

가장 작은 고양이. 경계심도 호기심도 강하다. 운동신경도 좋고 재빠르며 몸놀림이 우아하다. 울음소리가 작아서 조용한 고양이로 알려져 있다.

포인트

전 세계적으로 고양이는 30~80종이나 된다고 알려져 있으며, 매우 다종다양하다. 종에 따라 체격도 성격도 각기 특징이 있다. 그러나 최종적으로는 고양이 개체의 성격과 사육 환경, 주인과의 관계가 고양이의 성격을 형성한다.

고양이와 살기 전에 갖춰야 할 것들

고양이가 집에 오기 전에 미리 준비하자

식기와 음식

대개의 고양이는 수염이 닿지 않도록 입구가 넓고 시야를 가리지 않는 깊이가 얕은 식기나 물통을 좋아한다. 경우에 따라서는 높이가 있는 편이 먹기 편한 케이스도 있다. 사료는 드라이와 웨트 타입이 있고 종류를 다양하게 해서 주면 고양이가 싫증을 내지 않는다.

손질 용품도 가지가지

장모종이라면 매일 브러싱을 빠뜨릴 수 없다. 계절에 따라 달라지지만 단모종이라도 일주일에 한 번 정도는 브러싱을 해주어야 한다. 털의 길이나 취향에 맞춰서 고르고 칫솔이나 발톱 깎이도 고양이 전용을 준비해두는 걸 추천한다.

침대

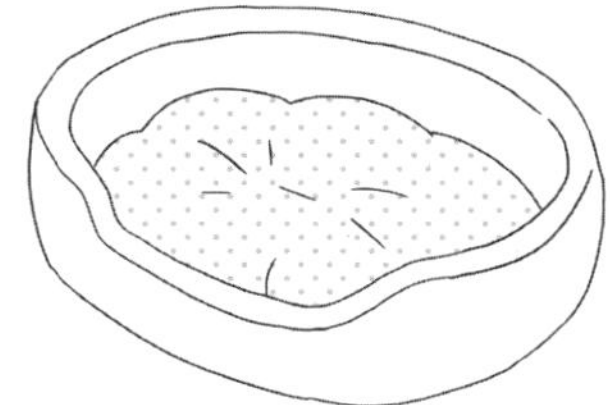

고양이는 몸이 쏙 들어갈 만한 푹신푹신한 공간을 아주 좋아한다. 침대는 약간 큰 것을 준비해 고양이의 취향을 파악한 뒤 좋아하는 천 등을 넣어서 사이즈를 조절해주면 좋을 것이다.

화장실

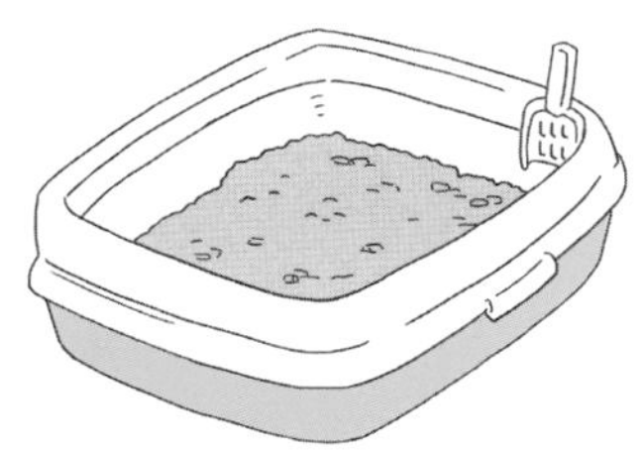

화장실에도 깊이와 크기, 뚜껑의 유무 등 다양한 선택지가 있다. 화장실에서 용무를 보지 않는 경우에는 골판지로 위를 덮어놓는다든지 놓는 위치를 바꿔보는 등 방법을 달리해본다.

스크래처

서서 발톱을 가는 타입, 올라가서 가는 타입 등 여러 가지가 있다. 준비해놓은 스크래처를 사용하지 않는 경우는 고양이의 취향에 맞지 않기 때문일 수 있다.

장난감

다양하게 시판하는 고양이 전용 장난감을 고르는 재미도 고양이를 키우는 즐거움 중 하나다. 사이즈가 크거나 고가의 물건은 고양이의 성격을 잘 파악한 후에 구입하는 걸 추천한다.

캐리백

병원 갈 때를 비롯해서 외출 시에는 캐리백이 필수. 한쪽 어깨에 메는 타입, 배낭 형식, 앞으로 메는 타입 등 여러 가지가 있지만 탈주를 잘 방지할 수 있는지 등 안전성을 특히 꼼꼼히 체크하자.

타워

방 상황에 따라 무리해서 설치할 필요는 없지만 스트레스 관리나 운동 부족 예방을 위해서 효과적이다. 여러 가지 모양으로 고안된 타워가 많으므로 꼼꼼히 살펴보고 선택하자.

MEMO

목걸이는 사고 방지를 위해 당기면
늘어나거나 벗겨지는 물건이 좋다. 시끄러운 방울 소리는
고양이에게 스트레스를 주므로 좋지 않다.

7 고양이와 함께 살기 위한 마음가짐

고양이와 행복한 동거는 주인 하기 나름

고양이와 함께 살기 위한 7가지 마음가짐

❶ 사람이 고양이에게 맞춘다
❷ 사랑받는 주인이 된다
❸ 무리하게 가르치려 들지 않는다
❹ 고양이에게 리액션을 기대하지 않는다
❺ 건강과 안전에 신경 쓴다
❻ 아이를 돌보듯 행복하게 해주겠다는 마음가짐으로 대한다
❼ 곤란한 일이 발생하지 않도록 미연에 방지한다

❶ 사람이 고양이에게 맞춘다

고양이는 인간과 함께 살지만 여전히 야성의 본능이 강하게 남아 있는, 구속당하지 않는 동물이다. 인간이 생각하는 대로 움직이지 않는다.

❷ 사랑받는 주인이 된다

고양이에게 보답이나 애정을 요구하는 것은 좋지 않다. 고양이 쪽에서 "좀 더 사랑해줘!"라고 요구하는 정도가 좋다.

❸ 무리하게 가르치려 들지 않는다

혼내거나 가르치려 해도 통하지 않는 게 고양이다. 억지로 강요하면 고양이에게 미움받는 뻔한 결말을 맞게 될 것이다.

❹ 고양이에게 리액션을 기대하지 않는다

고양이가 좋아하는 모습을 일방적으로 기대하는 태도는 지양하고, 사랑은 아낌없이 줄 것. 고양이의 쿨한 태도에 상처받지 말 것.

❺ 건강과 안전에 신경 쓴다

다른 무엇보다 건강이나 안전 관리는 주인이 책임져야 할 중대 사항이다. 사랑하는 고양이의 목숨을 지키는 건 언제나 자신이라는 책임감을 잊지 말자.

❻ 아이를 돌보듯 행복하게 해주겠다는 마음가짐으로 대한다

지켜주지 않으면 안 되는 존재라는 의미에서 고양이는 아이와 같다. 가족의 일원으로서 전력을 다해 끝까지 사랑하자.

❼ 곤란한 일이 발생하지 않도록 미연에 방지한다

고양이의 장난이나 곤란한 행동엔 오로지 예방이 상책이다. 이미 일어나버린 일에 대해서는 '모든 것이 내 탓'이라는 정도의 가벼운 기분으로 대처한다.

고양이의 기쁨은 주인의 기쁨.
진심으로 이렇게 생각하는 생활을 만들어가자.

고양이를 일방적으로 가르치려 들면 서로에게 스트레스

훈육이 아니라 예방이 최선

베스트 10

집고양이로 인해 발생할 수 있는 곤란한 일

1 마킹
2 발톱 갈기
3 용변 부주의
4 물건 감추기, 없애기
5 날뛰다가 물건 파손
6 물고 늘어지기, 할퀴기
7 서류나 화장실 휴지 망가뜨리기
8 위험한 것 먹기
9 아침 일찍 깨우기
10 털 빠짐

혼내거나 구속하기보다 좋아할 수 있는 환경 만들기

고양이는 체질적으로 제약당하는 걸 싫어한다. 행복한 동거를 위해서는 이런 고양이의 습성을 이해하고 '고양이에게 발생할 수 있는 문제를 미리 예방하자'는 마음가짐으로 좋은 습관을 유도하는 것이 좋다.

고양이는 정해진 장소에서 볼일을 보는 습성이 있어서 화장실 사용은 비교적 쉽게 습득한다. 발톱 갈기는 고양이에게 본능적인 행동이므로 강제로 그만두게 할 수는 없다. 발톱 갈이용 물건을 기둥이나 가구 가까이에 설치하고 길어진 발톱을 잘라주는 등 대책을 세워두자.

발톱을 갈고 싶어 하는 장소에 스크래처 두기

소파나 가죽 구두에 발톱을 갈거나 가죽 제품에 마킹을 하기도 한다. 이런 행동을 방지하기 위해서는 발톱을 갈고 싶어 하는 장소에 스크래처를 두고 고양이가 냄새에 반응할 듯한 물건은 잘 간수하자. 옷장이나 벽장 등 더럽혀지면 곤란한 장소에는 고양이가 들어가지 않도록 방법을 강구할 것.

고양이 행동반경은 정리 정돈을

뛰어다니면서 물건을 부수고 놀다가 떨어뜨리기도 한다. 고양이가 장난을 치다가 가구 틈새 같은 곳으로 빠질 수 있는 물건은 치워두는 게 좋다. 예상치 못한 높은 곳까지 점프할 수 있기 때문에 고양이가 닿지 않을 거라고 생각해서 높은 곳에 물건을 두는 것도 소용없다.

방치하면 위험

작은 단추나 나사, 실밥 등을 삼키면 매우 위험하다. 또 파, 건조제나 고양이에게 유해한 관엽식물 등이 있으면 갉아 먹다가 생명이 위태로운 경우도 있다. 주인이 주의를 기울여서 예방하는 것이 기본이다.

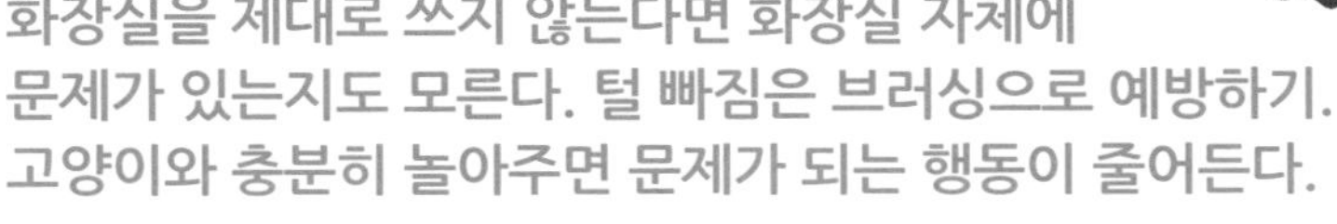

고양이를 기를 수 없는 사람은 ~지역 고양이 편

규칙을 지켜 고양이를 돌봄으로써 지역과 고양이 모두에게 공헌

불행한 고양이를 줄이기 위해 각 지역에서 펼쳐지는 활동

길고양이에게 먹이를 넘치게 주면 아이러니하게도 지나치게 개체 수가 증가해 지역의 문제가 되기도 한다. 그러므로 지자체와 지역 커뮤니티에서는 불임·거세 수술을 해서 번식을 제한하는 활동을 하며, 더불어 규칙을 정해 고양이를 보살피는 활동도 활발해지고 있다. 한편 '고양이 섬'으로 불리며 화제를 모으고 있는 후쿠오카현 아이노시마는 색다른 실험으로 인기 여행지로 부상한 케이스다. 이곳에선 인간과 길고양이가 적당한 거리를 유지하며 함께 사는 방식을 실천하고 있다.

알아두면 좋은 TNR 활동

T는 포획Trap, N은 중성화 수술Neuter, R은 방사Return. 길고양이를 포획한 뒤 수술을 해서 원래의 장소로 돌려보내는 지역 고양이 활동이다. 길고양이의 수명은 4년 전후로 이러한 활동을 통해 길고양이의 개체 수를 관리할 수 있다. 먹이를 주어서 쓰레기를 뒤지고 다니는 걸 예방하고 변을 치워주거나 순찰을 하는 지역 봉사 단체도 있다.

길고양이를 맞이하는 선택지도 있다

고양이와 살 수 있는 환경이 조성되었을 때 길고양이를 기르는 선택을 할 수도 있다. 길고양이는 처음에는 마음을 열지 않거나 실내 생활을 잘 받아들이지 못할 수 있다. 길게 보면서 애정을 가지고 고양이와 생활할 자신이 있는 사람만 시도할 것. 병이 있는 경우도 많아 최우선적으로 수의사의 검진을 받아야 한다.

주의!

무책임한 먹이 주기는 NG

기분이나 상황에 따라 무책임하게 사료를 주는 행위는 지역사회에도, 고양이에게도 폐가 될 뿐이다. 먹이를 노리고 길고양이가 모여들면서 시끄러워진다든지 쓰레기를 뒤지고 돌아다니기 때문이다. 또 고양이의 배설물로 주변이 지저분해지는 등의 문제로 고양이를 싫어하는 사람들의 표적이 되는 일도 있다.

MEMO

고양이를 기를 수 없는 환경에서도 고양이와 행복한 공존을 위해서 할 수 있는 다양한 활동이 있다.

느긋하게 고양이와 놀 수 있는 힐링 공간

고양이를 기를 수 없는 사람은 ~고양이 카페 편

고양이 붐으로 급증, 취향에 맞는 카페 찾기

이제는 널리 친숙해진 고양이 카페. 대형 체인점에서부터 작은 가게까지 규모나 운영 방식도 다양하다. 고양이에게 밥을 주거나 안아볼 수 있는 가게, 원칙적으로 고양이와 접촉이 금지된 가게 등 시스템이나 요금도 다양하다. 경우에 따라 분양을 겸하는 곳도 있다.

가게가 정한 방침을 잘 살펴보고, 그 가운데 마음에 드는 곳을 찾아보자. 여러 종의 고양이를 다양하게 만날 수 있으며, 카페의 고양이와 사이가 좋아지는 즐거움을 맛볼 수도 있다.

카페 고양이와 친해지는 요령

- 억지로 만지지 말 것, 쫓아다니지 말 것
- 고양이를 집요하게 주시하지 말 것
- 큰 소리를 내거나 급격한 큰 동작은 피한다
- 다가오면 부드럽게 말을 건다
- 자연스럽게 시선의 높이를 고양이에게 맞춘다
- 애교를 부리면 천천히 부드럽게 쓰다듬어준다

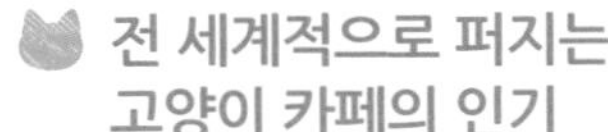

전 세계적으로 퍼지는 고양이 카페의 인기

고양이 카페의 발상지는 대만이라고 알려져 있지만 규모나 수에서 일본이 더 앞선 추세다. 현재는 런던, 파리, 뉴욕 등 유럽과 미국의 중심지에도 개업이 늘고 있다. 몇 개월 후까지 예약이 다 끝나버린 카페가 있을 정도. 고양이를 좋아하는 사람들이 전 세계적으로 점점 늘어나고 있다.

MEMO

고양이와 살 수 있는 환경이 될 때까지는
고양이 카페에서 마음을 달래면서 예행연습을 해본다.

안심, 안전, 편안한 환경 만들기!

고양이를 배려한 생활환경

주어진 환경에서 살아야 하는 고양이, 늘 상태를 관찰해 정비를!

실내에서 기르는 고양이에게 매일 생활하는 집은 '세상' 그 자체다. 그러므로 고양이의 습성을 이해하고, 스트레스를 받지 않는 환경을 만들어주는 것이 중요하다. 위험한 물건은 치우고, 편히 쉴 수 있는 잠자리를 준비하고, 고양이가 놀 수 있는 높은 곳을 마련하는 등의 배려는 기본 사항이다. 한편 호기심이 왕성하고 활동적인 아기 고양이와 근력이 쇠해가는 나이 든 고양이는 주의해야 할 점이 다르다. 고양이의 성장과 나이에 따라서 적합한 환경을 만들어주자.

고양이와 살기 좋은 환경 만들기

❶ 고양이 침대

사람의 동선에서 벗어난 장소나 테이블 아래 등 안전한 장소에 두기.

❷ 캣타워

운동 부족 해소와 안정을 취하는 데 도움이 된다. 창가에 두면 밖을 보기에 좋다.

❸ 스크래처

좋아하는 타입, 즐겨 찾는 장소를 살펴서 놓아주기.

❹ 높낮이 차가 있는 가구

오르내리면서 놀고 싶어 한다. 떨어지면 안 되는 물건은 치워둔다.

❺ 문에는 스토퍼를

부딪혀서 갇히거나 끼지 않도록 안전을 우선한 대책을!

❻ 높은 창이라도 방심은 금물

생각지 못한 높은 장소에도 거뜬히 뛰어 올라가므로 열어두는 것은 위험하다.

실내에서 키워야 하는 이유

고양이가 오래 살기를 바란다면 실내 생활이 철칙

쾌적한 공간이면 갇혀 살아도 괜찮은 동물

의외일 수 있겠으나 고양이에게 바깥세상은 위험으로 가득하다. 교통사고나 전염병 감염의 우려뿐 아니라 가까운 이웃에게 배설물로 폐를 끼칠 가능성이 있기 때문에 완전한 실내 사육을 추천한다.

특히 실내에서 기르는 고양이가 집 밖으로 나가면 '자기 영역'을 벗어나므로 더욱 불안한 요소가 많다. 예를 들면 논밭이 많은 지역에서는 농약이나 제초제를 먹을 수도 있다. 집 밖으로 나가면 고양이를 싫어하거나 고양이 알레르기가 있는 사람도 있으니 그 점도 배려해야 한다.

바깥세상은 위험이 가득!

교통사고

고양이는 날렵하다는 인식이 있지만 실은 사고 빈도가 매우 높은 동물이다. 차가 다가올 때 피하지 못하고 방어 자세를 취해서 몸을 둥글게 만다든지, 밤에 헤드라이트 때문에 눈이 부셔서 잘 움직이지 못한다는 등 여러 가지 설이 있다.

학대

고양이를 싫어하는 사람 중에는 길고양이가 거슬린다며 해코지를 하거나 원한을 갖는 사람도 있다. 때로 뉴스에서 고양이 학대가 화제에 오르기도 하는데 극단적인 예라고만 할 수는 없다. 길고양이만이 아니라 사람에게 친숙해진 집고양이도 이 같은 위험에 노출되어 있다.

전염병에 감염

길고양이 대부분은 무언가 병을 갖고 있다. 싸움을 하거나 접촉을 하면서 감염될 위험이 높아진다. 풀숲이나 다른 고양이로부터 벼룩이나 진드기가 옮으면 이로 인해 병의 원인이 되는 일도 있다.

싸움으로 상처를 입거나 농약이나 쥐약 등을 먹을 위험도 있다. 길을 잃는 경우도 적지 않다.

◐ 방에 두어서는 안 되는 것들

사람과 고양이가 느끼는 편안함과 쾌적함이 같지 않다

멋진 방보다 안전이 우선, 정기 점검도 중요

우리가 생활하는 방에는 의도치 않게 고양이에게 해를 끼치는 물건이 있다. 예를 들면 식물에서 추출하는 아로마 오일이 고양이에게는 맹독이다. 또 관엽식물과 꽃은 실내에 두지 않는 것이 좋다. 고양이가 입에 대었을 때 중독 증상을 일으키는 식물이 무려 200~300종에 이른다고 한다. 우리가 먹는 약이나 영양제 성분 중에는 소량만 먹어도 고양이의 생명을 위협하는 것도 있으므로 보관에 주의가 필요하다. 사고를 방지하기 위해 집 안 곳곳을 꼼꼼히 점검해야 한다.

주의해야 할 물건

 아로마 오일

아로마 오일은 식물에서 추출한 유기화합물을 몇 배로 농축한 것으로, 고양이에게는 자극이 너무 강해서 치명적인 독이 될 수 있다.

 꽃/ 관엽식물 등

백합과를 비롯해 파 종류와 토란 등 고양이에게 독이 되는 식물이 수백 종이라고 한다.

 담배

아이들이 실수로 먹으면 위험한 것처럼 몸집이 작은 고양이도 마찬가지다.

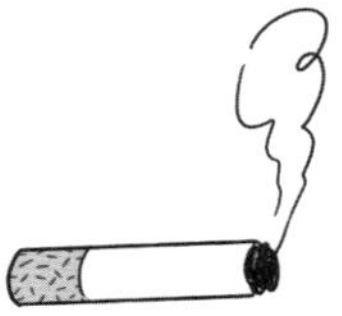

 영양제

사람에게는 해가 되지 않지만 고양이에게는 너무 강해서 위험하다.

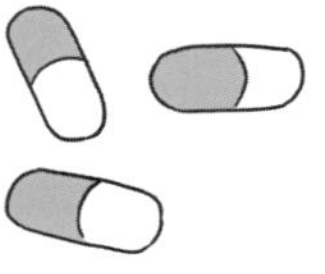

 전기 코드

씹거나 장난하다가 감전되는 경우도 있다. 숨길 수 없는 경우는 감전 방지 커버를 씌우자.

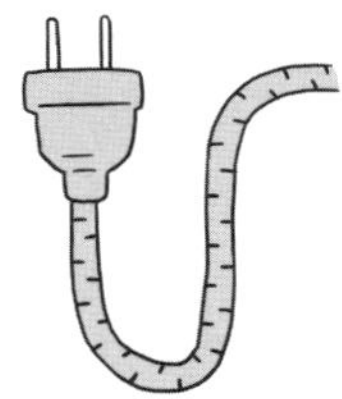

 감귤류 향

모든 감귤 종류가 독이 되는 건 아니지만 시트러스 계열의 냄새를 싫어한다.

캣타워 등 안정을 취할 수 있는 공간을!

느긋하게 내려다볼 수 있는 공간을 좋아한다

본능적으로 높은 곳을 원하므로 상하 운동이 가능한 환경을

고양이는 높은 곳을 무척 좋아한다. 이는 나무 위와 같은 곳에서 외부 적으로부터 몸을 보호하고, 먹잇감을 노리며 홀로 사냥하던 과거의 습성이 지금껏 남아 있기 때문이다. 또한 고양이의 세계에서는 보다 높은 위치를 차지하는 쪽이 우위에 있다고 한다.

이러한 습성을 이해하고, 책장이나 냉장고 위에 불필요한 물건을 올려놓지 않도록 주의한다. 고양이가 안정을 취할 수 있는 높은 곳을 확보할 것. 상하 운동이 가능해서 운동 부족을 해소할 수 있는 캣타워 설치를 추천한다.

캣타워 설치 포인트

가구로도 대체 가능

캣타워를 놓을 수 없는 경우, 합판으로 만든 박스 등의 가구를 차곡차곡 쌓아서 대신할 수 있다.

창가에 설치해 높은 곳에서 구경할 수 있도록

창밖 구경을 좋아하는 고양이가 많다. 창가에 캣타워를 두면 높은 곳에서 바깥 풍경을 볼 수 있어서 좋아한다.

미끄럼을 방지하려면 기모 타입

뛰어다니며 노는 고양이가 많으므로, 잘 미끄러지지 않고 발톱이나 다리에 부담이 적은 기모 타입을 추천한다.

계단 모서리가 둥글면 안심

힘이 넘쳐서 부딪히는 경우를 생각하면 모서리가 둥근 것이 안심이 된다. 아이를 위해 마음을 쓰는 부모의 자세와 다르지 않다.

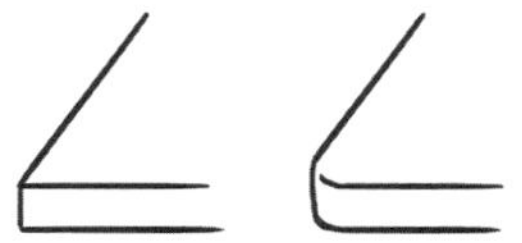

아기 고양이나 나이 든 고양이에게는 발판을 마련해 높낮이 차를 줄여주는 등 연령에 따라 놀기 편하도록 마음을 써주자.

고가의 고양이 침대보다 상자?!

좋아하는 장소에서 원하는 만큼 취침. 이것이 고양이의 행복

그때그때 달라요.
잠자리는 자유롭게 선택하도록

고양이는 일일 평균 수면 시간이 16~17시간이라고 한다. 고양이에게 잠자리는 하루의 대부분을 보내는 중요한 장소라 할 수 있다. 고양이의 개성이나 성장 상태는 물론이고 온도나 습도 등 외부적 요인에 의해서도 좋아하는 재질과 장소가 달라진다. 사람의 출입이나 조명 등의 자극이 적고 쾌적한 수면이 가능한 잠자리를 집 안에 몇 군데 마련해두자. 시판하는 고가의 침대라고 해서 고양이가 무조건 좋아하는 것은 아니다. 그보다 임시 대용품인 골판지 박스나 모포를 더 좋아하는 고양이가 적지 않다.

이색 취향 잠자리!

방석

세탁 바구니

욕조 덮개 위

무릎 위

잠자리 설치할 때 포인트

사람의 거처와는?

동선은 피하면서 사람의 기척을 느낄 수 있는 장소와 혼자서 조용히 있을 수 있는 장소 등 그때그때 기분에 맞춰 선택할 수 있도록 몇군데 준비해두자.

온도는?

양지와 음지, 따뜻한 방석과 시원한 천 등 온도도 선택할 수 있도록 해주면 좋다. 사우나의 온탕과 냉탕을 오가는 사람들처럼 왔다 갔다 하는 고양이도 있다.

화장실은 여러 개 설치하는 것이 기본

기본은 고양이 수+1. 더러운 화장실은 스트레스의 원인

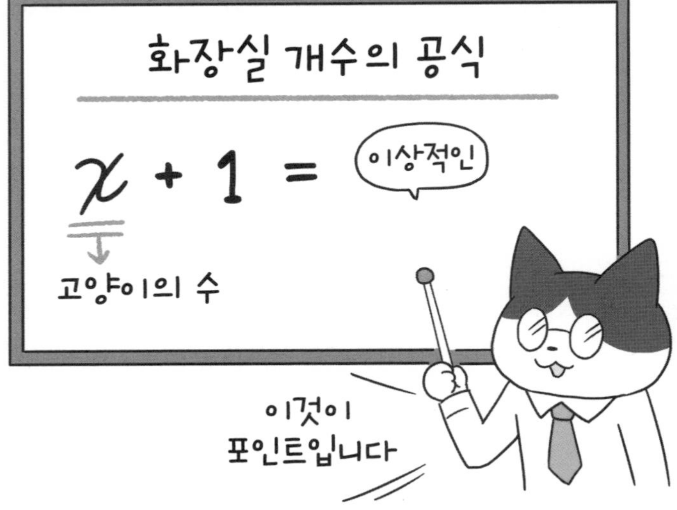

'먹고 배설하기'는 건강의 기본, 항상 철저한 체크를

주인이 부재중이거나 밤중에는 화장실 청소가 어렵다. 항상 청결하게 이용할 수 있도록 집 안에 화장실을 2~3곳 정도 준비해주는 것이 이상적이다. 배설 상태는 건강의 바로미터이므로 자연스럽게 주인의 시선이 미치는 위치에 설치하는 게 좋다. 화장실이 청결하도록 부지런히 청소해주는 것도 집사의 필수 행동 강령. 화장실은 고양이가 안에서 몸의 방향을 바꿀 수 있는 정도의 크기가 최소한의 요건이다. 모래는 여러 종류를 시험해보고 좋아하는 재질을 찾아주자.

설치 포인트는?

고양이는 배설하는 동안 예민해지는 습성이 있다. 화장실은 조용하고 안정적인 장소에 둔다. 다만 항상 머무르는 장소에서 너무 멀면 배설을 참는 원인이 되기도 한다. 여러 마리를 키울 경우는 한 마리도 빠짐없이 제대로 배설하는지 주의를 기울이자. 화장실 위치나 화장실까지 가는 루트가 다양한 환경이 좋다.

모래는 취향에 맞춰

모래나 배변 시트는 여러 종류가 있다. 냄새나 감촉 등 좋아하는 것만 쓰려는 고양이도 있는데 그런 취향을 억지로 바꿀 수는 없다. 변기에 흘려버리는 시트, 오줌이 묻으면 색이 변하는 용품(청소가 쉬운 대신 오줌 색을 알기 어려움) 등 종류가 대단히 다양하며 특징도 제각각이다.

MEMO

화장실을 새로 만들었을 때는 애묘의 오줌 냄새가 밴, 늘 사용하는 모래나 시트를 넣어주자.

⑥ 스크래처는 몇 개 골라 시험해보자

기분 좋게 발톱을 갈 수 있게 해주면 고양이도 사람도 해피!

서 있는 것, 올라타는 것, 종이, 나무… 고양이가 좋아하는 것으로

많은 주인들이 고양이의 발톱 갈기로 인해 가구나 기둥에 생채기가 나는 문제를 공통적으로 고민한다. 그러나 아무리 주의를 줘도 고양이에게 발톱 갈기는 본능적인 습성이라 고치기가 어렵다.

가구나 가죽 소파, 기둥과 같이 마킹의 표적이 되기 쉬운 장소 가까이에 스크래처를 설치하는 것이 좋다. 목재나 골판지 상자, 새끼줄 등 재질도 다양하므로 여러 가지를 시험해서 좋아하는 타입을 찾아준다. 고양이의 취향을 파악한 뒤엔 설치 장소와 각도, 재질도 고민해보자.

쾌적한 발톱 갈기 습관을 위해

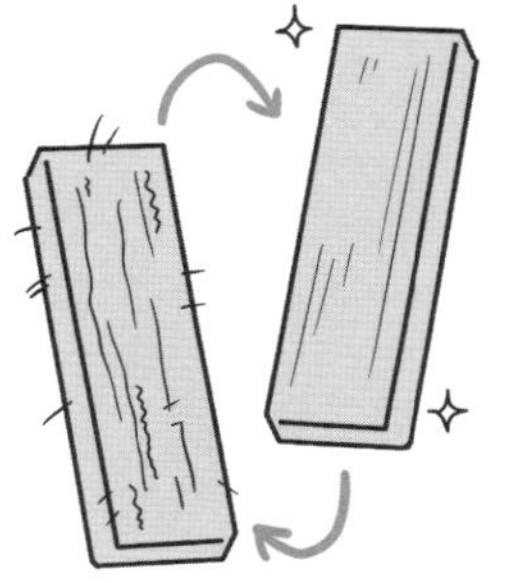

낡으면 교환을!

오래된 스크래처는 무뎌져서 발톱을 가는 즐거움이 줄어든다. 비싸지 않아도 좋으므로 자주 바꿔주는 것이 좋다. 새로운 스크래처를 선물 받아 신나게 발톱을 가는 모습은 정말 사랑스럽다.

새끼 때부터 교육을!

주인이 먼저 발톱 갈기 시범을 보인다. 그리고 아기 고양이의 앞다리를 부드럽게 잡고 스크래처에 가는 행동을 따라 하게 한다. 장소나 취향의 문제가 없는 한 몇 번 가르쳐주면 자연스럽게 자신의 냄새가 배어 있는 스크래처를 사용하게 될 것이다.

설치 포인트

- 고양이가 발톱을 갈고 싶어 하는 곳
- 안정을 취하고 쉴 수 있는 장소
- 천이나 등나무로 만든 가구 근처
- 사료 먹는 곳 가까이

"발톱을 긁으니 기분 좋아"라는 고양이의 기분을 이해하고 미리 스크래처를 설치한다. 밥을 먹고 발톱을 갈고…. 이것이 습관이 된 고양이도 있으므로 식사하는 곳 가까이에 두는 것도 좋다. 주인의 사정이나 형편을 일방적으로 훈육하기 전에 고양이의 기분을 우선적으로 배려해주면 집 안 곳곳이 발톱 자국으로 패는 사태를 예방할 수 있다.

고양이도 「은둔처」가 필요하다

숨바꼭질은 장기. 본성을 발휘하도록 만들어준다

폐소공포증이 없는 고양이, 몸을 폭 감싸야 안심

고양이는 높은 곳뿐 아니라 몸이 쏙 들어가는 좁은 틈이나 구멍을 좋아한다. 이 또한 야생 시대부터 이어져 내려온, 적으로부터 몸을 지키기 위한 습성이다. 이러한 본능적인 욕구를 충분히 만족시킬 수 있는 환경을 만들어준다. 사람의 손이 닿지 않는 높은 장소나 복도 구석 등에 '은둔처'가 될 만한 상자나 터널 형태의 물건 등을 놓아두면 좋아한다. 다만 식사도 거르고 장시간 숨어 있는 경우엔 건강 상태가 좋지 않을 가능성도 있으니 주의해서 봐야 한다.

숨으면 일단 안심

어두운 곳, 좁은 곳이라면 일단 들어가고 싶어 하는 것이 고양이의 습성이다. 주인이 찾기 힘들 정도로 잘 숨는 고양이도 있다.

손님이 왔을 때는

집에 손님이 올 때 고양이가 숨어 있을 만한 공간을 확보해두는 게 좋다. 가능하면 손님이 들어가지 않는 구석진 방에 만들어 주자.

포인트

- 작은 공간이어도 OK.
- 커튼이나 가구 뒤쪽처럼 특별한 장소가 아니어도 고양이가 들어가서 편안하게 느낄 수 있으면 충분하다.
- 숨어 있으면서 주인이 발견해주기를 바라는 경우도 있다. 시선이 느껴지면 반가운 표현을 해주자.

기척을 내지 않고 외면하고 있을 때는 고양이가 보여도 일단 가만두는 것이 정답.

출입이 금지된 방 외엔 자유롭게 돌아다닐 수 있게!

문은 살짝 열어둘 것

어슬렁거리는 것이 고양이의 본능, 갇히면 스트레스를 받는다

냐옹~ 냐– 하는 소리로 울거나 발톱으로 문을 세게 긁으면서 열어달라고 보채는 경우가 있다. 고양이는 자기 영역인 집 안을 순찰하듯이 돌아다니거나 그때그때 기분에 맞춰 잠자리나 쾌적한 온도를 찾아 어슬렁거린다. 그러므로 언제든 제약 없이 자유롭게 이동할 수 있는 환경을 만들어주는 것이 좋다.

자가 주택이 아니라서 문 아래에 전용 '캣 도어'를 설치하는 것이 어려운 경우엔 고양이의 이동에 대비해 각 방의 방문을 살짝 열어두는 방법을 권한다.

고양이가 문에 친숙해지도록

냉난방과 고양이의 궁합은

고양이는 일반적으로 추위를 잘 타고 더위에 강하다. 그래서 주인에게 적당한 온도의 냉방이지만 추워하는 경우도 있다. 이때 문을 열어놓으면 스스로 알아서 쾌적한 장소를 찾아가지만 방이 닫혀 있거나 원룸일 경우에는 답답해 할 수 있다. 어느 정도 온도 차가 있는 장소를 알아서 선택할 수 있도록 해주자.

고양이 문은 선망의 대상

고양이가 자유롭게 드나들 수 있는 고양이 문은 고양이나 주인 모두에게 편리하고 쾌적하다. 냉난방을 한 공기가 빠져나가지 않도록 막을 수 있고, 사정상 항상 문을 열어둘 수 없는 경우에 수고를 덜어준다. 그러나 현실적으로 이를 따로 설치하는 것은 쉽지 않은 일이다. 신축이나 리뉴얼할 때 고려해보는 것을 추천한다.

MEMO

갇히거나 문에 끼는 사태가 발생하지 않도록 도어 스토퍼가 있으면 안심. 한편 문 여는 방법을 터득하는 고양이도 있으므로 출입을 막아야 하는 곳에는 자물쇠를 설치하는 등 대책을 세우자.

밖은 위험해!

가출을 예방하는 환경 만들기

집이 싫은 게 아니라 호기심이 부추기는 것

많은 고양이는 틈만 있으면 탈주를 시도한다. 그러므로 창이나 베란다에 빠져나갈 틈을 없애기 위해 보호망이나 방호 울타리를 설치하는 것이 좋다. 굴러떨어지는 사고를 막는 방책이 되기도 한다. 현관을 열고 닫을 때 뛰어나가는 경우도 있으므로 울타리를 설치하거나 현관 앞의 문은 반드시 닫아두는 등 철저히 예방해야 한다.

또 혹시 고양이가 집을 나가 길을 잃어버릴 경우에는 이름표나 마이크로칩이 있으면 찾을 확률이 높아지므로 사전 대비책으로 검토해볼 것을 권한다.

탈주를 막기 위한 예방법

현관

주인의 귀가를 재빨리 알아채는 고양이. 현관을 뛰어나가지 않도록 현관문 안쪽에 보조문을 설치하면 안심.

베란다

베란다에서 뛰어내리거나 지붕을 타고 도망가는 일이 고양이에게는 식은 죽 먹기. 망으로 완전히 막아서 고양이가 나가지 않도록 해야 한다.

창문

대표적인 요주의 탈주 포인트. 문이 잠겨 있지 않으면 스스로 열고 나가는 고양이도 있다. 완전히 잠그든지 고양이의 머리 크기보다 작게 열고 스토퍼를 설치하자.

고양이를 잃어버렸다면

가까운 곳을 찾는다

침착하게 이름을 부르면서 찾는다. 고양이가 패닉 상태인 경우도 있으므로 캐리백이나 세탁망을 지참한다.

마이크로칩

주인의 연락처나 고양이의 특징을 기록한 마이크로칩을 고양이에게 심어놓는 것도 예방법 중 하나. 다만 현재 개에 대해서는 마이크로칩이나 인식표가 의무적이지만 고양이는 해당하지 않는다. 상세한 사항은 동물병원에 문의할 것.

전단을 붙인다

고양이 사진과 연락처를 써서 동물병원이나 동네 게시판에 붙인다. 집 주변에 고양이가 좋아하는 음식을 놓아두는 것도 효과적이다.

목줄에 이름표를 붙여두는 것도 방법.
펫숍에는 여러 종류의 이름표가 있다.

고양이도 장수 시대. 오래오래 함께하고 싶어

10세 이후엔 노묘를 위한 환경을

주인의 세심한 보살핌이 행복한 시간을 연장

사랑하는 고양이가 오래 살기 바란다면 10세 이후부터는 노화에 대비한 환경을 만들어주는 것이 중요하다.

높은 곳에 올라갈 때 다리와 허리의 부담을 줄여주는 발판을 늘려주거나 이동 루트에 있는 장애물을 미리 제거해준다. 또 화장실, 잠자리, 물 마시는 장소를 늘려 편의성을 강화하는 것도 좋다. 식사도 시니어용으로 교체한다. 자기 영역인 집을 바꾸거나 고치는 것은 노묘에게 있어 매우 큰 스트레스가 되므로 최대한 피하는 편이 친절한 배려이다.

나이 든 고양이를 위해 알아야 할 것

실내 온도에 신경을 쓰자

나이를 먹으면 추위를 잘 타는 것은 고양이도 마찬가지다. 고양이는 1년에 인간의 4세에 해당하는 나이를 먹는다. 1년 전과 적정 온도가 같지 않을 수도 있다. 냉방을 하는 시기에도 따뜻한 이불 등을 준비해서 체온을 유지할 수 있도록 해주자.

가구 배치를 바꾸는 건 NG

환경의 변화는 고양이에게 큰 스트레스이다. 노묘라면 더 그렇다. 꼭 필요할 때 외에는 가능한 한 가구 배치 변경이나 이사는 피하는 게 좋다. 어쩔 수 없는 경우라면 최소한 고양이가 거처하는 곳의 분위기나 고양이가 쓰는 도구만큼은 유지하도록.

높낮이 차에 주의

간단하게 오르내리던 곳을 뛰어 올라가지 못하게 되거나 뛰어내릴 때 '쿵' 하고 소리가 크게 나는 징후를 놓치지 말 것. 캣타워, 화장실, 소파, 침대 등 고양이가 일상적으로 쓰는 물건에도 경사면이나 보조 계단을 준비해두자.

놀이 방법 바꾸기

캣타워에 오르내리는 활동이 줄어들면 고양이가 평소 좋아하는 장난감으로 유혹해 함께 놀아주며 운동 부족이 되지 않도록 하자. 호기심, 스킨십, 적절한 운동이 심신에 좋은 것은 우리와 다르지 않다.

재해에 대비하기

언제 어떤 형태로 일어날지 모르기 때문에…

사람의 재난 배낭과 함께 고양이용도 함께 준비

폭설, 지진, 수해 등 만일의 사태는 일어나지 않는 것이 좋지만 파장이 매우 큰 만큼 미리 대비해 고양이용 물품도 준비해둘 필요가 있다. 고양이를 위한 재난 대비 배낭을 따로 마련해 3~5일분의 약과 사료, 물, 화장실 용품, 식기, 애용하는 모포 등을 넣어두면 안심이다.

혹시 고양이와 떨어졌을 때를 위해서 고양이 사진 몇 장과 건강 상태, 주인의 연락처가 적힌 메모 등도 넣어둔다. 만일의 상황에 대비해 평소에 케이지, 캐리백의 위치와 내용물을 항상 숙지하도록 하자.

고양이용 피난 배낭 내용물은?

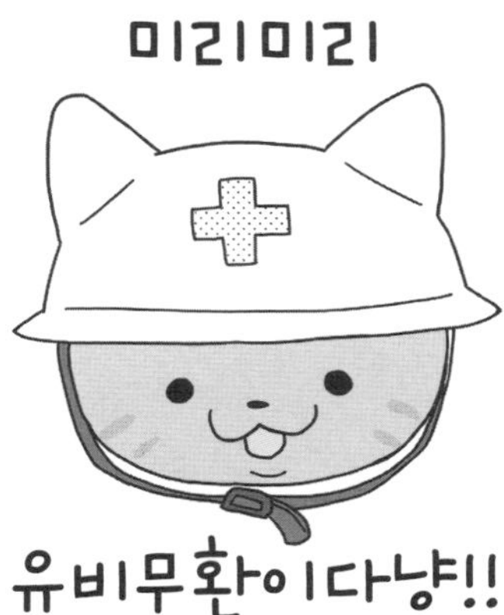

리스트

- □ 음식(처방식 사료의 경우는 넉넉하게)
- □ 물(5일분 이상)
- □ 약
- □ 식기
- □ 타월이나 모포
- □ 화장실 용품(익숙한 모래, 시트)
- □ 고양이 사진
- □ 잃어버릴 때에 대비한 전단(사진, 건강 상태, 주인의 연락처 기입)
- □ 단골 병원 연락처
- □ 브러시
- □ 장난감
- □ 세탁망

 마이크로칩을 심어두면

판독기를 보유한 동물병원 등에서 보호하는 경우 주인에게 연락이 간다. 평소 고양이의 목걸이에 연락처를 기입한 이름표를 걸어두어도 좋다.

MEMO

평소에 지진 정보 알람을 울리고 그때마다 간식을 주어 고양이가 도망가지 않도록 훈련하는 사람도 있다고 한다.

식사의 기본 ~횟수·양·종류

하루 양을 지켰다면 예민해지지 않아도 괜찮다

먹다 말다를 반복하는 것이 일반적, 취향이 까다로운 고양이도 있다

다 자란 고양이의 경우 식사는 하루 2회가 일반적이다. 하지만 고양이에게는 원래 정해진 시간에 식사하는 습관이 없고 '먹고 싶을 때가 식사 시간'이라는 것이 본성일 것이다.

실은 하루 섭취량이 지켜지면 몇 번 나누어 먹어도 OK. 먹다 말다를 반복하며 조금씩 먹어도 우려할 일이 아니다. 식사의 메인은 '종합 영양식'이라고 쓰인 캣푸드를 준비해주자. '일반식'이라고 표시한 것은 간식이나 토핑에 해당된다.

드라이 푸드+물이 기본

드라이 푸드의 특징

종합 영양식이라고 기재된 드라이 푸드라면 식사는 그것만으로 충분하다. 보존성이 좋아 1일분의 양을 합쳐서 내놓아도 괜찮다. 신선한 물을 항상 먹을 수 있도록 해주자. 개봉한 푸드는 한 달 이내에 다 먹이도록 한다.

웨트 푸드의 특징

썩기 쉬우니 빨리 다 먹을 수 있는 양만 주는 게 중요하다. 드라이 푸드와 비교해서 가격이 비싸고 일반식인 경우가 많아서 간식 같은 역할을 한다. 웨트 푸드를 주면 치석이 쌓이기 쉽다는 견해도 있으며 수분을 많이 함유하여 물을 잘 마시지 않는 고양이에게 보조적으로 주는 경우도 있다.

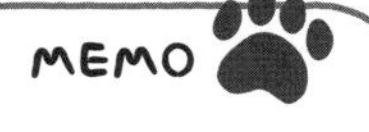

새끼부터 나이 든 고양이까지
나이나 건강 상태 등에 맞춰서 사료도 잘 활용하자.

◦ 식사의 기본

사람이 먹는 음식은 절대 NG

주인이 식사를 하고 있으면 달라고 조르는 고양이가 많다. 애교를 부리면 마음이 약해져서 줘볼까, 하는 생각이 들지만 고양이를 위해서 마음을 독하게 먹어야 한다. 인간의 음식은 간이 세고 파나 양파처럼 고양이에게 독이 되는 것도 있다. 중독되거나 나중에 병에 걸리는 원인이 된다.

계속 먹고 싶어 할 때는…

고양이가 주인이 먹는 음식을 달라고 심하게 졸라서 편안하게 밥을 먹을 수 없을 정도라면 식사 때만이라도 고양이를 방 밖으로 내보내는 방법이 있다. 내키지 않겠지만, 고양이의 끈기에 굴복해 사람이 먹는 음식을 주는 것보다 고양이를 위해서 좋다. 식사가 끝나면 충분히 놀아주는 등 스킨십으로 보상한다.

비만은 만병의 근원

본래 고양이는 필사적으로 사냥을 해서 먹이를 얻었을 때만 배를 채우는 동물이었다. 실내에서 기르는 고양이는 운동 부족인 데다가 매일 수고하지 않아도 밥을 먹을 수 있다. 그런데도 고양이가 조르는 대로 사료를 주면 눈 깜짝할 사이에 살이 찌고 만다. 비만은 만병의 근원이므로 적정량으로 잘 관리하자.

다이어트의 성공을 향해

인간처럼 고양이도 뚱뚱해진 몸을 원래대로 돌리는 것은 대단히 어렵다. 처음부터 찌지 않도록 주의하는 게 제일 좋다. 다이어트를 하려면 푸드의 양을 줄이고, 전용 사료를 주면서 운동을 시키는 게 기본이다. 필사적으로 조르는 고양이에게 지지 말자. 다이어트 푸드를 먹지 않아도 마음 약해지지 말고 대신 많이 놀아주자.

고양이가 먹고 싶은 마음을 갖도록 만들자

먹지 않을 때는 살짝 변화를 주는 작전

항상 먹던 푸드를 갑자기 먹지 않는 일도 있다

고양이는 맛에 둔감한 동물이라고 할 수 있다. 하지만 늘 잘 먹던 사료를 먹지 않는 변덕을 부리거나 식욕을 잃는 일이 종종 일어난다. 그럴 때는 항상 먹는 푸드를 따뜻하게 하거나, 뜨거운 물로 부드럽게 만들거나, 혹은 웨트푸드를 토핑하는 등 살짝 변화를 주어 식욕을 자극해보는 것도 방법이다. 그 외 식사하는 장소나 식기에 불만이 있는 경우도 있다. 식욕부진이 2~3일 지속되는 경우엔 치주 질환, 내장 질환 등의 가능성도 있으므로 병원에 데리고 가보자.

직접 고양이 식사를 준비할 때

고양이와 함께 식사를 즐기고 싶다면 고양이용으로 요리를 하면 된다. 간은 하지 말고 화학조미료(염분이 의외로 많다) 등의 사용도 피한다. 주인은 자신의 식기에 담은 다음 따로 간을 하자. 삶은 고기와 삶은 생선, 찐 생선 등은 대부분 고양이가 좋아하는 편이다. 고양이가 기피하면 주인이 먹으면 되니까 버릴 우려도 없다.

고기만 줘도 괜찮다고?

고양이는 본래 육식동물이다. 야채나 곡물을 소화, 흡수하는 게 쉽지 않다. 생선의 경우 너무 많이 주면 산패한 기름이 장기에 부착되기 쉽다. 고양이의 몸 구조를 생각하면 고기만 줘도 문제없다고 말할 수 있을 정도다.

소량이라면 주어도 좋은 식재료

(모두 양념하지 않은 것만)

- **익힌 고기, 생선, 달걀**
- **김**
- **감자류**
- **콩류**
- **밥**
- **가다랑어포(극히 소량으로 제한)**

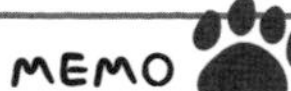

연구와 배려, 인내심으로 고양이가 양질의 식생활을 할 수 있도록 해주자.

고양이가 먹어서는 안 되는 것들

요주의! 주인의 식탁에는 위험 요소가 가득

고맙지만
마음만
받아둘게냥
(초콜릿은 먹을 수 없어…)

chocolate

작은 몸에는 소량이라도 큰 문제. 사소한 방심이 중대 사고로

식사 중에 고양이가 다가오면 자연스레 음식을 나눠주고 싶은 마음이 든다. 그러나 의도치 않게 고양이의 몸에 치명적인 음식을 주게 될 가능성이 있으므로 특별히 주의해야 한다.

대표적인 것이 양파·마늘·부추로, 빈혈이나 급성 신장 장애를 일으킨다. 초콜릿을 대량으로 먹고 죽음에 이르는 경우도 있다. 좋아하는 어패류도 주의가 필요하다. 예를 들어 청어를 너무 많이 먹는 것은 좋지 않다. 알코올, 카페인이 들어 있는 음료도 마시게 해서는 안 된다.

위험한 식품 리스트

양파/ 파/ 마늘/ 부추

빈혈, 신장 장애의 원인이 되는 위험도가 높은 재료. 가열해도 위험한 성분이 그대로 남아 있다.

사과/ 복숭아/ 체리 등의 씨와 잎

소량을 먹어도 체내에서 청산으로 변하는 물질을 포함하고 있어서 작은 고양이에게는 주지 않는 게 무난하다.

청어/ 참치

날로 많이 먹으면 비타민 E 부족이 된다. 생선을 원료로 만든 고양이 푸드에는 비타민 E가 첨가되어 있어 안전하다.

조미료/ 향신료

염분이 높은 것, 자극이 강한 것은 신장 장애 등 여러 가지 병의 원인이 된다.

커피/ 홍차

흥분 작용이 있어서 작은 고양이에게는 소량이라도 자극이 너무 강하다.

아보카도

경련, 호흡곤란을 일으키는 일도 있어 인간 이외에는 중독성이 높은 식재료.

생오징어/ 문어/ 새우

소화불량을 일으키기 쉽다. 오징어를 날것으로 많이 섭취하면 비타민 B_1 결핍의 원인이 된다.

견과류

고양이에게는 청산 중독을 일으킬 가능성도 있다.

초콜릿

카카오에는 심각한 중독 증상을 불러일으키는 성분이 포함되어 있어 매우 위험하다.

알코올류

고양이는 알코올을 분해시키지 못한다. 소량이라도 중독될 위험이 높다.

고양이의 몸을 생각한다면 캣푸드만으로도 충분하다. 고양이 전용 식사를 통해 안전하고 건강하게 생활할 수 있다.

물건을 삼키는 위험을 예방하려면

먹고 싶어서 먹는 게 아니라 거기에 있으니 먹을 뿐

위험한 물건 정리와 스킨십으로 해결

리본이나 비닐 등을 입에 넣다가 삼키는 사고가 일어나곤 한다. 고양이는 이물질을 먹고 싶은 게 아니라, 흥미를 끄는 물건을 가지고 놀던 중에 잘못해서 먹어버리는 경우가 대부분이다.

중요한 건 고양이가 잘못해서 먹을 수 있는 물건이나 액체를 방에 두지 않는 것. 또 젖을 빨리 뗀 탓에 털실 같은 물건을 젖으로 착각해서 빨다가 삼켜버리는 경우도 있다. 고양이와 충분히 놀아주어 애정 결핍이 되지 않도록 하면 아무거나 입에 대는 문제를 예방할 수 있다.

이상이 있으면 병원으로

작은 물건이어서 자연스럽게 변으로 배출되면 좋지만 내장에 상처를 입히거나 막히게 해서 건강을 해칠 수도 있다. 특히 아기 고양이의 경우는 위험한 사태까지 갈 수 있다. 식사를 하지 않고 몸 상태가 좋지 않아 보이면 빨리 병원에 데려가자.

잘못 삼킬 위험이 있는 것

• 바늘

• 고무줄

• 방울

고양이가 장난치기 좋아하는 끈 형태로 된 물건이나 반짝이는 것, 작고 잘 굴러가는 물건 등에 특히 주의한다. 엑스레이를 찍으면 '도대체 왜?'라고 생각되는 물건이 발견되는 경우도 있다. 많은 경우 적출 수술로 끄집어내야 하므로 고양이에게도 주인에게도 큰 부담이 된다.

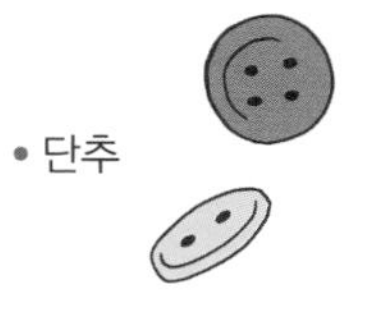

• 단추

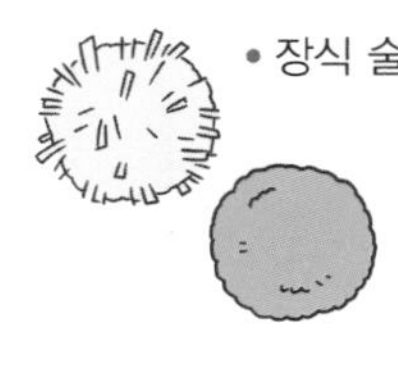

• 장식 술

• 털실

• 리본

MEMO

방 정리는 고양이의 안전과 쾌적한 생활에 필수. 크기가 작은 물건은 내놓지 말자.

마시기 쉽고 신선한 물이 건강 유지에 필수
물은 신선한 것으로 여러 곳에 놓아둔다

문득 생각나면 마신다. 놀이하듯이 마시는 것도 좋아한다

고양이의 건강을 위해서는 식사만큼 수분 공급도 중요하다. 주의해야 할 것은 물을 마시는 장소를 한 곳으로만 한정해서 정해두어서는 안 된다는 것. 고양이는 선천적으로 장소를 정해두고 물을 마시는 습관이 없기 때문이다. 집 안의 곳곳에 물그릇을 두고 마시는 횟수를 늘리도록 유도한다.

고양이는 신선한 물을 좋아한다. 줄어들면 보충하지 말고 그릇을 매일 닦아주는 게 요령이다. 경수 타입 미네랄 워터는 요로결석의 원인이 되므로 주면 안 된다.

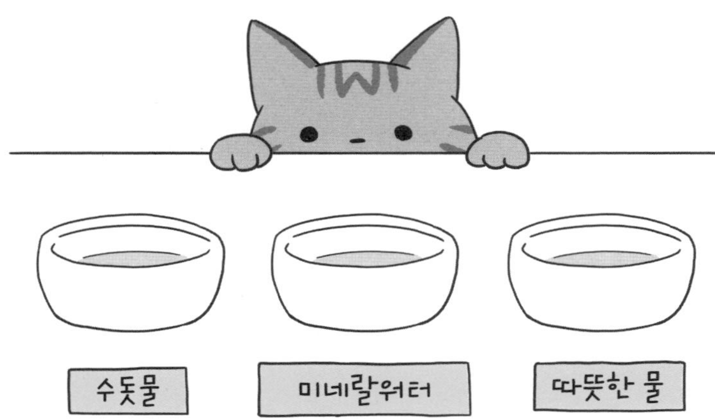

고양이가 좋아하는 물을 찾자

선조가 사막에서 살던 시절의 습성 때문인지 무심코 지나가다가 문득 물이 있다는 걸 깨닫고 마시는 걸 좋아하는 고양이가 많다. 수도꼭지에 매달린 물을 마시고 싶어 하거나 목욕을 마친 주인의 몸에 붙은 물방울을 핥아 먹고 싶어 하는 고양이도 있다. 물을 스스로 발견하는 기쁨을 즐기는 것인지도 모른다. 추울 때는 따뜻한 물도 좋아한다.

화장실에서 멀리 둔다

깨끗한 걸 좋아하는 고양이는 냄새에도 민감하다. 화장실 옆에서 식사하는 걸 달가워하지 않는다. 음식이나 물을 담는 그릇은 되도록 화장실과는 떨어진 장소에 두는 게 좋다. 고양이는 사료와 물을 동시에 먹지 못하니까 물그릇과 사료 그릇은 떨어뜨려 놓아도 좋다.

그릇에도 취향이 있다?

물을 마실 때 수염이 그릇에 닿는 걸 싫어하는 고양이도 있으므로 입구가 널찍한 그릇을 추천한다. 또 고양이는 다른 고양이와 그릇을 공유하는 걸 좋아하지 않는다. 여러 마리를 기를 경우에는 반드시 고양이 수보다 그릇을 넉넉하게 준비해주자.

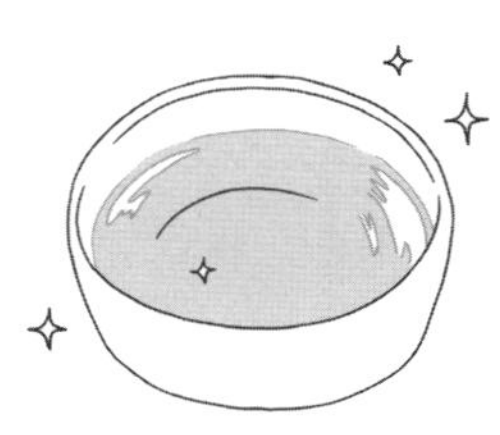

깨끗한 화장실에서 몸과 마음 모두 리프레시
화장실은 매일 깨끗하게

청소를 해주지 않으면 참거나, 실수하거나, 병이 나기도

고양이의 오줌은 농도가 짙다. 육식을 하기 때문에 변에서도 강렬한 냄새가 난다. 고양이는 깨끗한 걸 좋아하고 냄새에 민감해서 화장실이 오염된 상태에서는 들어가려고 하지 않는다. 그래서 참다가 병이 나거나 다른 장소에 배설하기도 한다.

고양이가 배설하면 배설물과 오염된 모래를 바로 제거해주는 게 좋다. 2~4주를 기준으로 모래 전체를 갈아주고 화장실 용기도 닦아준다. 고양이가 싫어하는 감귤류 향이 나는 세제는 사용하지 않도록 주의하자.

변은 하루 한 번, 장을 건강하게

개체에 따라 차이는 있지만 오줌은 하루에 2~4회 정도, 변은 1일 1회 정도가 건강하다는 증거. 오줌을 누는 횟수가 2일 1회 이하거나 7회 이상인 날이 연속되는 경우에는 병에 걸리지 않았는지 의심해보자. 단, 변이 2~3일에 1회 정도여도 고양이가 제대로 배설하고 건강한 경우에는 문제가 없다. 변을 4일 이상 보지 않거나 화장실에서 괴로운 듯이 배에 힘을 주고 울거나 할 때는 신경 써서 지켜보자. 상태가 좋지 않은 것 같으면 곧 병원으로!

화장실 청소의 포인트

오염되기 전에 청소해주자. 이것이 수고를 줄일 수 있는 제일 중요한 포인트다. 고양이가 사용한 뒤 더러운 부분을 빨리 치워주어야 악취도 제거할 수 있다. 오줌이나 변을 정리할 때는 상태를 확인해서 평소 건강을 관리해준다. 최저 하루 1~2회는 청소해주고 매달 한 번은 내용물을 완전히 바꾸고 화장실 전체를 닦아주자. 세척 후 햇빛에 말려주면 더 좋다.

감귤류 향 세제는 NG

고양이는 냄새에 민감하다. 향기가 나는 세제를 사용하는 것은 피한다. 특히 고양이가 싫어하는 감귤류 세제는 사용하지 않는 게 좋다. 화장실이 싫어지면 배변을 참는 습관이 생긴다.

MEMO

화장실을 청소하는 동안
고양이가 배변하지 못하는 문제가 생기지 않도록
최소 2개는 준비하는 게 좋다.

고양이 수면 시간은 하루 16시간

평화롭게 잠든 천사의 얼굴에서 위로를 받다

오래 자도 괜찮아.
몸집이 작아도 힘찬 비결

고양이는 사냥할 때 외에는 자면서 체력을 보충한다. 이것은 야생 시대의 습관이 여전히 남아 있는 것으로, 하루에 대략 16~17시간은 수면을 취한다. 그렇다고는 해도 이 중 12시간 가까이는 얕은 잠이다. 뇌는 활발하게 움직이지만 몸의 힘은 뺀 상태로 간간이 다리나 꼬리를 까딱까딱 움직인다.

고양이가 자는 모습을 보면 만지고 싶을 정도로 귀엽지만 편안하게 자지 못하면 스트레스를 받으므로 숙면을 방해해서는 안 된다.

마음에 드는 곳을 고르게 해주자

그때그때 자신의 기분에 따라 잠잘 곳을 정하는 고양이. 환경을 달리해 잠자리를 여러 곳에 마련해주면 좋다. 주인의 무릎 위나 가까이 다가와서 몸을 붙이고 자고 싶어 하는 고양이도 있다. 자는 고양이를 위해서 가능한 한 몸을 움직이지 않는 게 좋지만 일이 있을 때는 안락한 장소로 살그머니 옮겨준다.

잠자리가 불편하다는 신호?

- 자다가 몇 번이나 이리 뒤척, 저리 뒤척 편안해 보이지 않는다
- 꼬리를 휙휙 계속 흔든다
- 이동해서 눕는 행동을 반복한다

에어컨 없이 쾌적한 수면을

더위에 강한 고양이는 에어컨을 필요로 하지 않는다. 특히 잘 때는 더 따뜻한 환경을 좋아한다. 무더운 날씨라면 서늘한 마루 등 쾌적하다고 느끼는 장소를 스스로 찾는다. 오히려 에어컨을 작동해 온도가 내려간 방이나 에어컨 바람이 직접 닿는 곳은 힘들어한다. 에어컨을 켜둔 방의 문은 닫아두지 말고 자유롭게 다닐 수 있도록 해주자.

고양이는 잠이 하도 많아서 일본어로 '네루코(자는 아이)'가 '네코(고양이)'가 되었다는 설이 있을 정도.

털 다듬기는 안정을 찾기 위한 행동

혀로 핥아서 자신의 냄새를 재확인한다

선조로부터 이어받은 건강의 지표

털 다듬기는 고양이의 선조가 체온 조절을 위해 전신을 혀로 핥던 행동이 습성으로 남은 것이라고 한다. 한편 주인에게 혼이 난 뒤 털을 다듬는 행동을 보인다면 이는 '전위 행동(회피 행위–옮긴이)'으로, 정신적으로 안정을 찾는 표현이다. 평소보다 털 다듬기가 빈번한 경우는 스트레스가 있을 가능성이 있고, 반대로 털 다듬기를 하지 않는다면 병이나 상처를 감추는 경우일 수 있다. 털 다듬기는 몸과 마음의 건강 여부를 파악할 수 있는 척도이니 주의해서 관찰하자.

어릴 적 추억이 지금까지…

생후 1개월 정도 된 아기 고양이는 스스로 혀로 핥으며 털 다듬기를 할 수 없어서 엄마 고양이가 대신 해준다. 엄마 고양이의 털 다듬기는 마사지 효과까지 있으니 아기 고양이에겐 극히 행복한 시간이었을 것이다. 털 다듬기가 마음의 안정을 주는 것은 그런 행복한 기억이 작용하는 것인지도 모른다.

잠시 휴전 중 털 다듬기

느긋하게 휴식을 취하면서 털 다듬기를 하는 모습과는 달리 싸움하는 도중에 두 마리가 갑자기 털 다듬기를 시작하는 경우가 있다. 이건 흥분 상태의 감정을 가라앉히고 '어쩔 수가 없네…' 하며 다음 행동으로 전환하기 위한 의식과도 같은 행동이다. 이렇듯 무의식의 진정제로서 털 다듬기가 활용되기도 한다.

MEMO

털 다듬기는 오래된 털이나 피부 세포를 떼어내고, 혀 마사지 효과로 혈액순환을 좋게 하는 효과도 있다.

낯선 물건에는 일단 「부비부비」 자기 영역이라는 안도감을 확인

신경 쓰이니 '부비부비' 하는 것

고양이는 몸이나 머리를 잘 문질러 비벼댄다. 이러한 '부비부비'는 자기 영역에 있는 물건이나 사람에게 자신의 냄새를 묻혀서 마킹을 하는 행동이다. 자신의 냄새가 묻어 있지 않으면 고양이는 불안을 느끼기 때문에 자꾸 냄새를 묻히려고 하는 것이다. 고양이를 여러 마리 키울 경우에는 다른 고양이와 서로 비비면서 냄새를 교환하는 모습도 볼 수 있다. 고양이가 이런 행동을 할 때는 만지거나 안아 올리지 말고 실컷 비빌 수 있도록 해야 고양이가 안심한다.

모두 내 냄새가 스며들도록!

고양이에겐 주인이든 가구든 상관이 없다. 주변의 물건에는 전부 자신에게 익숙한 냄새를 묻혀야 한다.

영역 순찰

'부비부비'는 자신의 영역을 주장하는 마킹의 의미를 내포한다. 하지만 발톱 갈기나 오줌으로 인한 마킹에 비해서 지속성이 낮기 때문에 고양이는 일과 삼아 순찰하는 김에 '부비부비'를 한다.

주인에게 인사하기

주인의 손이나 팔에 머리를 비비는 행동은 인사의 의미가 크다고 한다. 이것은 고양이끼리 인사하는 몸짓에서 유래한다. 어쩌면 내심 당신과도 똑같이 머리를 맞대고 비비고 싶어 할지도 모른다.

눈으로 마음을 읽는다

눈 깜박임에 담긴 의미

눈 깜박임으로 안심과 행복을 교감

고양이가 주인을 보면서 천천히 눈을 깜박이는 것은 마음을 허락하고 있다는 사인이다. 긴장을 풀고 있을 때는 깜박임 외에도 윙크를 하거나 양쪽 눈을 꼭 감기도 한다. 반대로 눈을 크게 뜨고 응시해서 바라볼 때는 긴장하고 있다는 증거다. 고양이끼리 싸움을 할 때도 어느 한쪽이 시선을 피할 때까지 깜박이지 않는다. 고양이를 막 기르기 시작할 때나 남의 집 고양이와 접촉할 때 고양이가 눈을 깜박이지 않고 주시한다면 내 쪽에서 먼저 천천히 눈을 깜박여서 안심시켜주자.

낯선 사람에게는 경계를, 친숙한 사람에게는 인사를

길고양이 등 경계심이 강한 고양이가 눈싸움을 하는 것은 경계하고 있다는 의미이다. 계속 주시하면서 도망가지 않는 것은 상대가 자신을 노리고 있다고 느끼기 때문이다. 다만 집고양이의 경우는 다르다. 주인과 눈을 맞추는 것은 순수하게 인사하는 의미가 있는 듯하다.

눈은 입만큼 많은 말을 한다

집고양이의 아이 콘택트를 단지 인사라고 생각해 무심코 넘기지는 않는지. 고양이는 말을 하지 못하니 눈으로 주인에게 메시지를 보낸다. 바라보는 눈길도 천차만별. 평소에 고양이와 커뮤니케이션을 자주 해서 익숙해지는 것이 좋다.

내버려두면…!

고양이가 보낸 '같이 놀자는 시선'을 알아주지 못하면 결국엔 실력 행사에 돌입한다. 펼쳐놓은 신문지나 컴퓨터 키보드 위에 벌렁 드러누워 작업을 방해하는 것은 "놀아달라"는 사인이다.

MEMO

졸릴 때도 천천히 눈을 깜박인다.
마주 보고 같이 눈을 깜박여주어 편안하게 잠재운다.

엄마가 생각날 때의 무의식적 행동

「고양이 안마」는 어린 시절의 추억

나이를 먹어도 응석 부리고 싶은 것이 고양이 본성

고양이가 모포나 이불 위에서 마치 안마를 하는 듯 발을 구르는 모습을 볼 수 있다. 고양이 특유의 깜찍한 모습이라 매우 사랑스럽다. 취침 전 준비처럼 보이지만 실은 아기 고양이 시절의 습관이 남아 있는 행동이라고 한다. 고양이는 모유를 먹을 때 잘 나오게 하려고 앞발로 어미의 젖을 마사지하듯 구른다. 그때의 행복하고 편안하던 기억이 떠오르기 때문인지 성묘가 되어서도 모포나 이불 등 촉감이 부드럽고 기분이 좋은 물건과 접촉하면 고양이 안마를 한다.

어떤 이름이든 다 귀여워!

안마? 꾹꾹이? 쥠쥠?

'고양이 안마'는 고양이 특유의 응석 부리는 행동이다. 처음 이 모습을 본 사람들은 대개 신기하게 느낀다. 사실 이때 발을 번갈아 구르는 동작뿐 아니라 아기처럼 발바닥을 오므렸다 펴면서 누르기 때문에 '쥠쥠'으로 부르기도 한다.

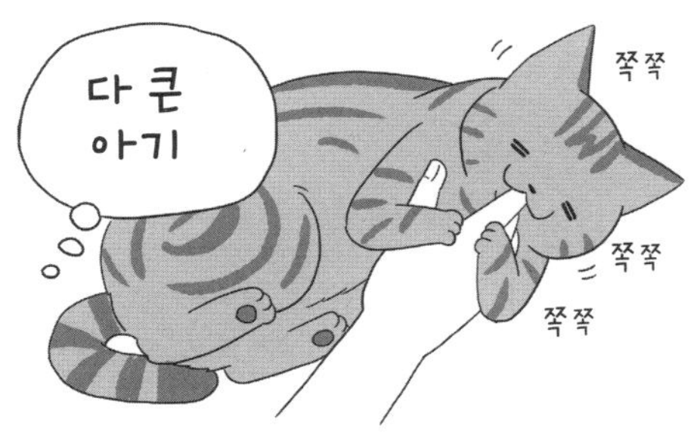

덩치가 커도 아기

주인의 손가락에 달라붙어 빠는 것도 '고양이 안마'와 마찬가지로 응석 부리는 행동이다. 이것도 젖 먹던 시절의 추억에서 나오는 몸짓이다. 어릴 때 이런 행동을 졸업하는 고양이도 있고 노묘가 되어서 생각났다는 듯 다시 하는 고양이도 있다.

집고양이의 특징 중에 유아성을 잃지 않는다는 점이 있다. 주인 앞에선 어디까지나 아기다.

해명되지 않은 소리의 정체는?
골골 소리의 미스터리

기분이 좋을 때, 요구할 때, 치유할 때도 골골골

주인이 목을 쓰다듬어주거나 엄마 젖을 먹는 아기 고양이에게서 골골골 하는 소리가 나기도 한다. 대개는 기분이 좋을 때의 반응이다. 그런데 언제나 똑같은 의미는 아니고 "밥을 달라"는 등 요구를 할 때나, 일설로는 몸 상태가 좋지 않을 때도 치유력을 높이기 위해 골골거리며 운다고 한다.

고양이 특유의 현상으로, 다양한 뜻이 있는 소리이지만 어떻게 소리를 내는지 발성 구조에 대해서는 아직 상세히 해명되지 않고 있다.

소리의 크기와는 무관

우는 소리가 크고 작은 것은 고양이의 기분과 관계가 없다. 배에 귀를 대지 않으면 들리지 않을 정도로 작은 소리로 '골골' 우는 고양이가 있는가 하면 다른 방에서 들릴 정도로 크게 우는 고양이도 있다.

태어나자마자 골골?

고양이는 태어나자마자 골골 하는 소리를 익힌다. 어미 고양이의 젖을 먹으며 편안함을 느낄 때는 한층 빈번하게 소리를 낸다. 일설에는 아기 고양이의 골골거리는 소리가 젖을 잘 나오게 한다는 주장도 있다.

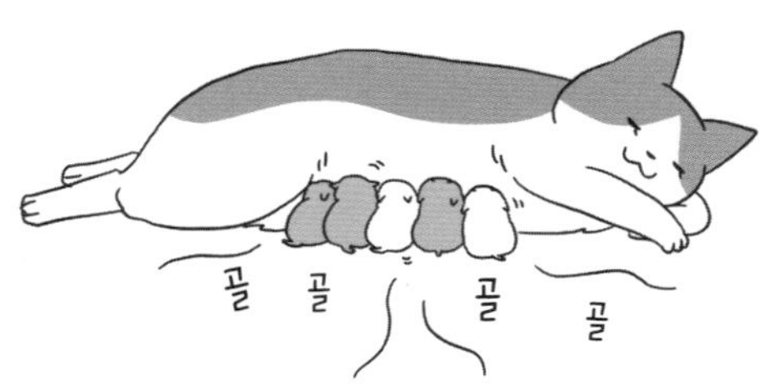

상처를 치료하기 위해 골골?

기분이 좋거나 휴식을 취할 때뿐 아니라 몸 상태가 나쁠 때도 골골 소리를 낸다. 골골 소리의 진동이 뼈에 자극을 주어서 신진대사가 활발해지고 체내 치유력이 높아지는 효과가 있다고 하는 한편의 주장도 있다.

MEMO

병원의 진찰대에서 심장 고동 소리가 들리지 않을 정도로 골골거리고 우는 고양이도 있다.

발톱 갈기는 무기 손질이자 영역 주장

무기 손질과 영역 주장은 고양이의 본능

본능적인 행동은 고양이의 건강을 측정하는 지표

고양이의 발톱은 층을 형성하는 외측 발톱과 신경이나 혈관이 지나가는 내측 부분이 있다. 고양이가 발톱 갈기를 하는 가장 큰 이유는 외측 층에 있는 오래된 발톱을 벗겨내기 위한 것이다. 그 밖에도 냄새를 문질러 바름으로써 자기 영역을 주장하는 의미도 있다.

고양이에게 발톱은 중요한 무기이자 마킹의 수단이다. 고양이가 발톱 갈기를 하지 않는다면 관절통 등의 경우를 의심해볼 수 있다. 앉는 모양새, 걷는 모양새를 늘 주시하고 체크하자.

생명체의 본능은 멈추지 않아!

우리가 길게 자란 머리카락을 다듬는 것처럼 고양이도 오래된 발톱을 새롭게 바꾸고 싶어 한다. 더불어 발톱 갈기는 자기 영역을 주장하기 위한 중요한 행위로 마킹의 의미도 있다. 무기 역할을 하는 발톱, 자기 영역을 주장하는 마킹과 같이 생명체가 살기 위해 보이는 본능을 억누르는 것은 고양이를 힘들게 한다.

장소를 한정한다

발톱 갈기의 본능은 멈출 수 없으므로 발톱을 잘 갈 수 있도록 현명한 방법을 제공해주자. 상처 내서는 안 되는 가구에는 고양이가 싫어하는 향의 스프레이나 보호 시트로 대비하고 그 대신 고양이가 좋아할 만한 매력적인 스크래처 등을 함께 준비해주는 것이 현명하다.

스프레이도「부비부비」도 모두 자기 영역에 대한 표식

마킹은 자기 영역 주장의 증거

여기에도 저기에도 모두 마킹

고양이는 자신의 영역 곳곳에 냄새를 묻히는 '마킹'의 습성이 있다. 턱이나 뺨, 육구에 있는 취선에서 체취를 뿜어내 영역을 주장하는 것이다. 취선에서 나오는 냄새는 사람이 거의 알 수 없지만 스프레이라고 불리는 소변 마킹은 매우 강렬하다. 특히 거세하지 않은 수컷이 심한데 거세하면 거의 대부분 해소된다.

그 밖에 스트레스가 원인으로 빈발하는 경우도 있다. 정도가 심해 고민인 경우엔 고양이가 생활하는 환경 등을 체크해볼 필요가 있다.

마킹 포인트

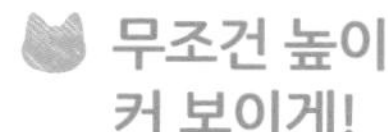

무조건 높이! 커 보이게!

고양이가 스프레이를 할 때는 가능한 한 높은 곳에 냄새를 묻히려고 한다. 이건 마킹의 위치로 자신을 한층 크게 보이게 해서 영역에 침입해오는 적을 위압하려는 목적이다. 수컷이 강한 냄새로 스프레이 하는 것도 자기 영역을 지키기 위해서다.

시한은 24시간!

스프레이의 효과는 24시간 정도라고 한다. 아직 냄새가 충분히 남아 있어도 약해졌다 싶으면 자기 영역이 위태로워진다고 생각하는 것인지 매일 새로 마킹을 시도한다. 이런 습성은 실내에서 사는 고양이도 마찬가지. 집 안을 순찰하듯 도는 것은 이 때문이다.

MEMO

암컷은 스프레이의 냄새도 강하지 않고
횟수도 많지 않다. 이에 비해 수컷은 강렬하다.
자기 영역을 지키는 동시에 영역 안의 암컷을
독점하려는 목적이 있다.

수렵 본능에 눈을 뜨면 막을 수 없다

뒷발 차기는 사냥 연습

넘치는 기운 때문에 다치는 일도 다반사

뒷발을 계속 반복해서 차는 터프한 모습의 '고양이 킥'은 과거 수렵 본능에서 유래한다. 먹잇감을 잡은 뒤에 상대를 지치게 만드는 것이 목적이다. 그래서 한번 시작하면 멈추기 힘들다.

그 밖에 놀고 싶을 때나 기분이 좋지 않을 때도 킥을 하는 경우가 있다. 발로 차면서 동시에 무는 일도 있으므로 주의가 필요하다. 킥 습관을 중지시키려면 장난감 등으로 주의를 돌리는 것이 효과적이다. 평소 함께 놀면서 수렵 본능에 따른 욕구를 풀어준다.

잘 고쳐지지 않는 뒷발 차기

지난날 사냥꾼의 기억

뒷발 차기는 움직이는 사물에 대해서만 한다. 야생 고양이가 사냥을 할 때 날뛰는 먹잇감을 확실히 제압하기 위해 킥을 했기 때문이다. 앞발로 먹잇감을 누르고 뒷발 킥으로 꼼짝 못하게 만든다. 그리고 마지막으로 송곳니로 숨통을 끊는다.

본능에 대해서는 화내지 말기

마킹도 그렇지만 이처럼 고양이의 생존, 수렵 본능에서 나오는 행동은 끊기가 힘들다. 아무리 주의를 줘도 잘 고쳐지지 않는 습성이므로 혼내서는 안 된다. 봉제 인형이나 쿠션 등을 주어 본능적 욕구를 해소시켜주자.

MEMO

고양이에게는 더할 나위 없는 사냥 훈련으로, 회심의 일격을 가하기도 한다.
아플 때는 상대하지 말고 떨어져 있는 것이 좋다.

야간 운동회는 사냥 시뮬레이션

체력이 남아도는 오늘 밤에 운동회 개시!

고양이에게는 신나는 사냥 시간

주인이 잠자리에 들려는 시간에 요란스럽게 고양이가 울거나 뛰어다니는 날이 있다. 새벽녘에 고양이가 시끄럽게 굴어서 잠이 깬다든지 여러 마리의 고양이를 기르는 경우는 서로 쫓고 쫓기며 흡사 야간 운동회가 벌어지기도 한다. 이렇듯 밤에 운동회가 열리는 이유는 본디 고양이가 어둑한 시간대에 사냥을 하던 습성이 남아 있기 때문이다. 야심한 시간이나 새벽에 사냥 시뮬레이션을 하는 것이다. 취침 전에 충분히 놀아주면 주인도 고양이도 푹 숙면을 취할 수 있다.

여러 마리를 기르면 술래잡기로 발전

여러 마리를 키우면 사냥 시뮬레이션으로 벌어지는 야간 운동회가 한층 본격적이 된다. 차례로 술래가 바뀌는 술래잡기처럼 발전한다. 어떻게 움직이면 먹잇감을 잡을 수 있을 것인지 배우는 동시에 심폐 기능과 근육 강화에 도움이 된다.

운동 부족 해소로 문제 해결

야간 운동회는 수렵 본능의 흔적인 동시에 운동 부족 등의 스트레스를 발산하는 목적도 있다. 이런 문제는 자기 전에 장난감을 이용해 고양이와 놀아줌으로써 문제가 일부 해소되기도 한다. 고양이와 주인 모두 밤에 숙면을 취하게 될 것이다.

MEMO

취침 전 운동은 고양이의 스트레스를 해소하는 효과뿐 아니라 습관적으로 하다 보면 고양이의 변화를 알아채는 장점도 있다.

자주 깨문다면 스트레스의 신호?

깨무는 행동은 사냥 연습. 다만 빈번히 깨물 때는 주의

평소 고양이가 보내는 사인을 놓치지 말 것

고양이를 쓰다듬으면 살짝 무는 경우가 있다. 가볍게 무는 데는 여러 이유가 있지만 그중 한 가지가 수렵 본능이다. 주인의 손길에 수렵 본능이 자극을 받아 먹잇감으로 판단하고 반사적으로 깨무는 행동이 나온 것이다. 그 밖에는 젖을 뗀 후에도 그때의 감각이 남아서 사람 손가락이나 봉제 인형 등을 깨물기도 한다. 자신을 쓰다듬는 게 불쾌하게 느껴져서 스트레스를 받아 공격적이 되는 경우도 있다. 평소에 세심히 관찰하고 우려스러운 경우에는 수의사와 상담해보자.

깨무는 행동 대처법

무시하는 것이 가장 좋은 예방

아기 고양이가 살짝 깨물 때 경험 부족으로 무는 힘을 조절하지 못하는 일이 종종 있다. 다치기 전에 예방하는 것이 좋다. 고양이가 사람을 깨물면 반응하지 말고 철저히 무시해야 한다. '깨물면 놀아주지 않는다'는 점을 학습시켜야 습관이 되기 전에 고칠 수 있다.

너무 자주 깨물면 병원으로

고양이가 깨물 때는 사냥 연습 외에 축적된 스트레스가 요인인 경우도 생각해볼 수 있다. 빈도가 너무 잦으면 무조건 야단치지 말고 원인을 찾아야 한다. 주인이 의식하지 못하고 고양이의 민감한 부위를 만져서 화를 내는 경우도 있다.

MEMO

여러 마리를 기르는 경우 생후 한 달 반쯤부터 형제끼리 장난을 치면서 깨무는 힘을 조절하는 법을 배운다. 세게 깨물면 다른 고양이가 화를 내기 때문이다.

고양이만이 낼 수 있는 수렵 본능의 표현
「채터링」 흥분할 때 내는 소리

수렵 본능이 목구멍에서 발산된다

고양이가 창을 향해서 캬캬캬, 하고 이상한 야생의 소리를 내는 모습을 본 적이 있는지. 이것은 먹잇감을 보고 고양이가 흥분해서 반응하는 것으로, 채터링이라고 한다.

창밖에서 참새나 벌레 등을 발견하고는 잡을 수 없는 안타까움이나 포식 욕구에 캬캬캬, 하고 표현하는 것이다. 일반적인 울음소리와 달리 매우 짧고 높은 소리가 난다. 모든 고양이가 채터링을 하는 것이 아니고, 고양이마다 내는 소리도 차이가 나서 처음 본 사람은 놀랄 수 있다. 하지만 정상적인 행동이니 안심하길.

고양이만 낼 수 있는 수수께끼의 소리

창문 너머에 있는 먹잇감을 향한 안타까움에서 내는 울음소리다. 채터링을 하는 고양이와 하지 않는 고양이가 있지만 어쨌든 이 울음소리는 고양이 특유의 것이다. 같은 고양잇과라고 해도 사자나 호랑이에게서는 볼 수 없는 현상이다.

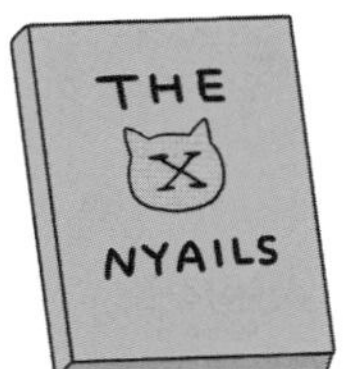

여러 설이 있지만 미해결인 채로

먹잇감을 봤을 때 소리를 낸다는 것은 알려져 있지만 그 이유나 의미는 아직까지 확실히 밝혀지지 않았다. 일설에 따르면 먹잇감을 보고 애가 타서 내는 게 아니라 사냥의 기분을 북돋우는 소리라는 주장도 있다.

MEMO

고양이가 채터링 하는 중에는 가만두는 것이 좋다.
먹잇감을 발견해서 흥분하거나
사냥 시뮬레이션을 하는 것으로 본다.

토할 때는 내용물을 확인한다

내용물과 횟수 등을 평소 체크하는 것이 중요

단순한 습성? 아니면 병?

인간에 비해 고양이는 잘 토하는 편이다. 특히 장모종은 털 다듬기를 할 때 삼킨 털 등을 토해낸다.

고양이가 토할 때는 평소 내용물을 꼼꼼히 살펴야 한다. 사료와 털, 풀이 섞여 있다면 정상이라 봐도 무방하다. 그러나 그 외 회충이나 피가 섞여 있거나 약품 냄새가 난다면 주의가 필요하다. 병에 걸렸거나 무언가를 잘못 먹었을 가능성도 있으므로 일단 의심스러운 내용물의 사진을 찍어서 평소 자주 찾는 단골 수의사에게 상담을 받도록 하자.

구토할 때 확인해야 할 것

하나라도 해당하면 병원으로!

1. 구토 횟수가 주 2회 이상
2. 최근 체중이 줄었다
3. 식욕이 급격히 줄었다
4. 토사물에 피가 섞여 있다
5. 설사 증상

토하지 않는 고양이에게는 캣 그라스를

캣 그라스는 잎이 뾰족뾰족해 위를 자극해서 삼킨 털 뭉치 등을 토하게 만드는 효과가 있다. 장모종인데 잘 토하지 못하는 고양이는 배 속에 털이 쌓이는 일도 있다. 평소에 주의 깊게 관찰해 필요하다면 캣 그라스를 줘보자.

MEMO

장모종에 비하면 단모종은 털이 많이 빠지지 않으므로 털을 토해도 양이 적다.
단모종인데 빈번하게 털을 토하면 병을 의심해보자.

고양이는 높은 곳을 편안하게 느낀다

높이 더 높이… 고양이의 안식처

공격과 방어가 모두 가능한 최적의 장소

고양이가 높은 곳을 좋아한다는 사실은 잘 알려져 있다. 실외에서는 지붕이나 담 위, 집 안이라면 장롱이나 테이블 위 등이 고양이의 지정석이다. 이는 야생 고양이 시절의 습성이 남아 있기 때문이라고 한다.

야생에서 고양이는 지상에 있는 적의 습격을 피할 수 있고, 먹잇감을 발견하기 용이한 나무 위에서 살았다. 고양이에게 높은 곳은 안전하게 자신의 몸을 지킬 수 있는 장소다. 인간은 높은 곳에서 본능적으로 위험을 느끼지만 고양이는 정반대인 셈이다.

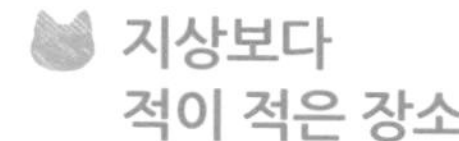

지상보다 적이 적은 장소

야생 고양이는 기본적으로 혼자 사냥을 했다. 이때 외부 적으로부터 몸을 보호하기 위해 높은 곳을 선호했다고 한다. 길고양이가 높은 장소에서 유유자적 태평스러운 모습을 보이는 것은 산책 중인 개나 근처의 아이들로부터 몸을 지키기 위한 본능이다.

매우 드문 상하 관계의 표시

고양이는 상하 관계를 만들지 않는 동물이지만 센 고양이가 높은 장소를 차지하는 것만큼은 인정한다고. 실력으로 이긴 고양이가 높은 곳으로 다가오면 약한 고양이가 자리를 양보하는 모습을 볼 수 있다.

MEMO

영역 다툼으로 싸움이 나려고 할 때
힘센 고양이가 위에서 위협하면 약한 고양이는
몸을 낮추고 지면에서 뒹굴면서 항복을 표시한다.

고양이가 좁은 곳을 찾아가는 이유

좁고 어두운 곳으로! 몸에 맞는 공간을 찾아서…

선조 대대로 좁은 곳을 좋아했다

고양이는 골판지 상자나 가구 사이 틈 등 좁고 어두운 곳을 아주 좋아한다. 어째서 굳이 답답한 장소를 즐겨 찾는 것일까?

첫째, 좁은 장소를 자신의 영역으로 편안하게 느끼기 때문이라고 한다. 고양이 선조인 리비아고양이는 좁고 어두운 곳을 잠자리로 삼았다고 하며, 이러한 본성이 이어져 내려온 것으로 보인다. 또 좁은 곳은 쥐와 같은 먹잇감이 숨어 있는 곳이기도 해서 그걸 찾으려는 습성 때문에 고양이가 좁은 장소를 찾는다는 설도 있다.

몸 하나 들어갈 공간이면 충분!

고양이는 보다 아담한, 자기 몸에 딱 맞는 넓이의 공간을 좋아한다. 고양이의 선조 리비아고양이는 나무줄기에 뚫린 구멍이나 바위 틈새 등을 잠자리로 삼았다. 그것도 몸에 아슬아슬하게 딱 맞는 크기였다. 이는 잠자리에 적이 침입하지 못하도록 예방하는 것과 동시에 공간을 좁게 해서 내부 온도를 높게 유지하기 위한 목적이 있다.

어두운 장소라면 더욱 좋아한다

여기저기 찾아도 모습이 보이지 않는 경우 고양이는 대개 어둑어둑하고 좁은 곳에 숨어 있다. 그러므로 미리 벽장 속이나 복도 구석에 캐리케이스, 상자 등을 놓아두면 고양이의 행방을 파악하기 쉽다.

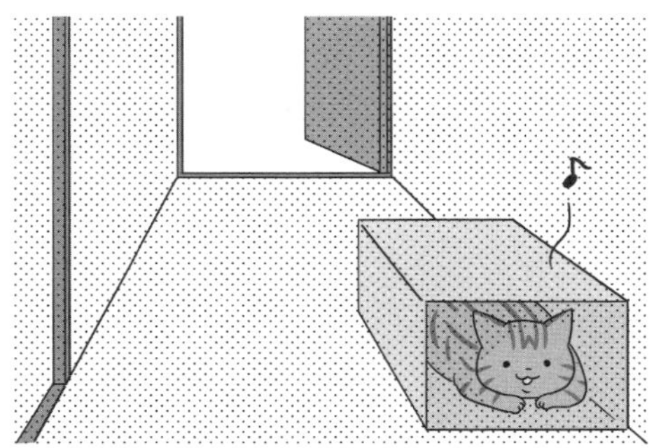

MEMO

좁은 곳에 숨어서 나오지 않는 고양이는 주의해서 살피자. 단순히 그 공간을 좋아하기 때문일 수 있지만 한편으론 몸 상태가 나쁠 가능성도 있다.

가보지 않은 세계를 그리며 꿈꾸는 중

창 너머는 동경의 세계

시시각각 바뀌는 풍경에 마음을 빼앗기다

고양이는 창가에서 경치를 바라보는 걸 몹시 좋아한다. 창밖에는 작은 새나 벌레가 날아다니고 초등학생이 신나게 뛰어다니는 등 고양이의 호기심을 자극하는 광경이 내내 넘쳐난다.

실내에서 키우는 경우는 대부분 밖에 나간 경험이 없을 것이다. 안전성이나 끼니 문제는 어려움이 없지만, 아무래도 생활환경에 변화가 적은 만큼 집고양이에게 창밖은 자극으로 가득 찬 원더랜드일 것이다. 가급적 커튼을 열어젖혀서 바깥세상을 충분히 즐길 수 있도록 해주자.

커튼은 오픈

고양이는 자는 시간을 제외하고 거의 대부분의 시간을 실내에서 혼자 보낸다. 변화가 많은 창밖 풍경은 고양이 눈에 매력적으로 비칠 것이다. 혼자 들출 수 있는 커튼이라면 상관없지만 무거운 블라인드라면 평소 배려해서 열어두는 것이 좋겠다.

설령 바깥에 흥미를 보여도…

일반사단법인 반려동물푸드협회(일본)의 조사에 따르면 2015년 고양이의 평균수명은 '집 밖에 나가지 않는 집고양이'가 16.40세, '집 밖으로 나가는 집고양이'가 14.22세로 큰 차가 난다. 길고양이는 정확한 조사를 하지 않았지만 통상 집고양이의 반 이하의 수명이라고 한다. 설령 고양이가 바깥세상에 흥미를 보인다 하더라도 오래 함께 살려면 철저히 실내에서 보살피는 것이 중요하다.

MEMO

고양이가 창이나 베란다에서 떨어질 위험에 주의.
창은 꼭 닫고, 베란다에는 내놓지 않는 게 최선이다.

「고양이 전송 장치」 이거 진짜?

다소 과장된 이름이지만 한번 해보면 빠져든다

애묘인의 발명품. 신기하게도 고양이가 들어온다

'고양이 전송 장치'라고 들어본 적이 있는지? 바닥에 테이프나 끈으로 원을 만들어놓으면 신기하게도 그 안에 고양이가 들어온다.

물론 지나쳐버리는 고양이도 있지만 전송률이 70~80%나 된다고. 고양이는 자기 영역 의식이 강하며 주위에 익숙하지 않은 물건이 있으면 냄새를 맡거나 만져서 체크한다. 그리고 안전하다고 판단되면 그 안에 들어가서 기분이 어떤지 확인한다. '고양이 전송 장치'는 이 같은 고양이의 호기심과 자기 영역 의식을 이용한 놀이다.

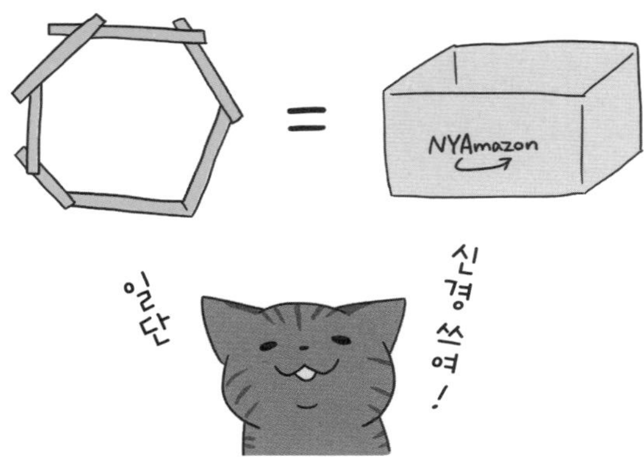

고양이는 호기심에 저항하지 않는다

고양이는 호기심이 강한 동물이고 새로운 것을 좋아한다. 따라서 처음 보는 익숙하지 않은 물건에 적극적으로 반응한다. 그런 고양이가 자신의 영역에 갑자기 나타난 '전송 장치'를 그냥 모른 척할 리 없다. 꼼꼼하게 탐색한 끝에 자신의 몸을 원 안에 넣어 '전송'되어버린다.

어린 고양이일수록 모험심이 강하다

자기 영역에 새로운 존재가 등장하면 호기심이 왕성한 어린 고양이일수록 바지런히 반응한다. 호기심이 무뎌진 노묘는 전송이 잘 안 된다. 어린 고양이도 원에 들어갔다가 아무 일이 일어나지 않는다는 것을 알고 난 후에는 흥미를 잃는다.

MEMO

고양이는 비교적 시력이 좋지 않고 색 판별력도 좋지 않다. 그러므로 슬쩍 보는 것으로는 '전송 장치'의 정체를 파악하기 어려워 이를 확인하는 행동일 가능성이 있다.

고양이가 물건을 떨어뜨려요

위험물은 미리 치울 것

재미있으면 일단 해본다

고양이는 책상이나 선반 위에 있는 물건을 떨어뜨리는 사고를 곧잘 일으킨다. 가장 큰 이유는 재미있기 때문이다. 연필이라면 굴러갈 것이고 유리라면 깨진다. 떨어지는 물건에 따라 모습과 소리가 제각각이다. 고양이는 먹잇감을 연상시키는 물건에 흥미를 가지므로 낙하하는 움직임을 보면 즐거운 것이다.

또 물건을 떨어뜨리면 주인이 오거나 소리를 지르니까 그 반응을 즐기는 것일 가능성도 있다. 고양이가 물건을 떨어뜨리는 것은 막기 힘들므로 중요한 물건은 미리 치워 놓는 것이 좋다.

제 3 장

고양이와 해피 라이프

고양이는
무슨 생각을
하고 있을까…

갑자기
왜 그래?

있잖아—

즐겁게
노는가
싶다가도

캬캬

캬캬

갑자기
어디로
휙
가버리거든

휙

고양이 생각을
알 수 있으면
더 재밌을 것
같아

그렇긴
하지만 —

미스터리해서
더 좋지
않아?

고양이의 기분을 알 수 있지

이누야마 전무

전무님!

수고하셨습니다

수고했어요—

고양이 좋아하세요?

분명 '강아지파'일 거라고 생각했어요

옆에 좀 앉을게

30년 정도 고양이랑 쭉 살고 있지

지금은 두 마리야

와— 대단해!

어떻게 하면 고양이의 기분을 알 수 있을까요?

그건 말이지

고양이는 온몸으로 우리한테 말을 하고 있다고!

귀 모양이나 수염으로도 알 수 있지. 고양이 귀가 밑으로 처질 때가 있지?
축
있어요
온몸으로?
도라키치도 천둥이 치면 귀가 밑으로 처져…
무서워…
그럴 때는 뭔가 무서워하는 상태일 수 있어
아―!
그리고 꼬리도 감정이 잘 드러나는 부분이야
탐색 중
화남·흥분
기분 좋음
오―ㅅ!

고양이는
육구
만지는 걸
싫어해

그러고 보니
우리 집
고양이는
육구를
만지려고 하면
도망쳐요…

기분을 알면
소통하기도
한결
쉽다네

그러니
조금씩
발을 만져주면서
익숙해지게
해야 해

TOUCH!

고양이가
익숙해지면
육구도
마음껏
만질 수
있다!

꺄!!

그래도
집요하게
만지지는
말게

동기부여가
되네

오후 일도
열심히 해서
정시에
퇴근하자!

빨리
집에 가서
고양이
보고 싶어

세세한 보디랭귀지를 놓치지 말자
눈, 귀, 수염으로 기분을 읽는다

매력 포인트로 기분 읽어내기

활발하게 움직이는 커다란 눈동자(동공)는 고양이의 빼놓을 수 없는 매력 포인트. 신비로운 눈 때문에 고양이에 빠지게 된 사람이 많다. 눈동자를 통해 풍부한 표정을 읽을 수 있다.

고양이의 귀는 보통 앞을 향해 있지만 불안하거나 공포 등 감정이 흔들리면 뒤로 젖혀진다.

수염은 방향 감각을 유지하고 공기 흐름을 파악하는 등 중요한 역할을 한다. 눈동자의 크기와 귀, 수염의 방향 등을 통해 고양이와 더 깊이 소통할 수 있다.

눈은 입만큼 많은 말을 한다!?

동공은 주위에서 들어오는 빛의 강도에 따라 달라지는 것이 일반적이다. 그런데 동공으로 고양이의 기분을 읽어낼 수 있다. 다만 상황에 따라 전혀 반대의 감정인 경우도 있으므로 전후의 행동을 잘 관찰해보자.

흥미, 흥분, 불안
공포인 경우도 있음

릴랙스 중

경계, 혐오감
편안한 상태인 경우도 있음

 고양이 마음을 가장 쉽게 읽을 수 있는 곳

고양이의 기분을 직접적으로 반영하는 부위는 귀다. 귀가 서 있거나 누워 있는 것 말고도 귀가 향하는 방향을 통해 고양이의 기분을 읽을 수가 있다. 특히 귀가 누워 있을 때는 주의가 필요!

흥미진진

경계, 긴장

공포

 바람 때문에 나부끼는 게 아니다

수염이 뻗어 있는 방향에도 고양이의 기분이 드러난다. 활기찰 때는 수염이 탄력 있게 팽팽하지만 몸 상태나 기분이 나쁠 때는 수염도 힘없이 축 처지는 경우가 많다. 소소한 사인이지만 놓치지 말자.

흥미진진

깜짝 놀람

공포

세부적으로 나누면 약 20가지로 분류
울음소리로 기분을 읽는다

종합적 판단으로 고양이의 기분을 이해하자

고양이에게는 약 20가지의 울음소리가 있다고 한다. 울음소리를 통한 커뮤니케이션이라면 발정기나 싸울 때가 대표적이지만, 그 외에 집고양이도 다양한 울음소리로 주인에게 자신의 기분을 전한다.

고양이가 우는 방식은 개체마다 차이가 크다. 자꾸 말을 걸거나 혼잣말을 하는 고양이가 있는가 하면 1년에 몇 번밖에 울지 않는 고양이도 있다. 고양이의 기분을 알기 위해서는 울음소리에만 의존하지 말고 몸짓이나 상황을 통해 종합적으로 판단해야 한다.

희망과 요구

가장 많이 내는 소리. 식사나 놀기 등 무언가를 조를 때 들을 수 있다.

안정

갓 태어날 때부터 내는 소리. 몸 상태가 좋지 않은 걸 호소하는 경우도.

대답과 인사

주인이나 익숙한 사람이 말을 걸 때의 반응.

위협해 쫓아낼 때

손님 등 적으로 간주하는 상대에 대한 위협과 경계의 소리.

아파서 지르는 비명

꼬리를 밟혔다든지 강한 아픔을 느꼈을 때 내는 소리. 다쳤는지 살펴볼 것.

맛있어서 기쁨

식사할 때 맛있어서 자기도 모르게 나오는 소리.

관심과 흥분

창밖에서 새나 벌레를 발견할 때 덮치고 싶은 기분을 표현.

발정기의 부름

발정기의 암컷이 수컷을 부르는 소리, 또는 수컷이 부름에 응답할 때 내는 소리.

안심

긴장이 풀리고 안심하는 순간 새어 나온다. 소리 내는 방식은 개체마다 다름.

자세로 기분을 읽는다

평상시의 자세를 알고 있으면 문제를 쉽게 알아챌 수 있다

자세로 고양이의 희로애락 읽기

집고양이는 하루의 대부분을 앉아 있거나 자면서 보낸다. 앞다리를 접어서 몸 아래로 집어넣는 일명 '식빵 자세'를 가장 흔히 볼 수 있고, 간혹 봉제 인형처럼 뒷다리를 앞으로 뻗고 앉는 고양이도 있다. 길고양이와 달리 일상의 위험이 없으므로 긴장감 제로의 무방비한 자세로 보는 집사들의 웃음을 유발한다.

겨울철 따뜻한 난로 옆에 웅크리고 있는 고양이처럼 계절에 따라서도 자세가 달라지는 것을 볼 수 있다. 공포심, 경계심 등의 감정도 자세로 표출하므로 적절하게 대처하자.

크게 보여서 적을 위협!

털을 곤두세워 몸을 크게 보이게 만들어서 상대를 위협한다. 고양이는 호전적이지 않은 동물이라 어려운 상황이 지나가면 원만하게 수습된다. 고양이가 위협할 때 무리해서 달래려고 하면 오히려 공격당하는 경우도 있다. 잠잠해질 때까지 기다려주자.

무서우면 몸을 움츠린다

갑자기 손님이 오거나 뭔가 소리를 듣고 공포를 느낄 때의 자세다. 자세를 낮추고 꼬리를 뒷다리 사이에 넣어서 몸 전체를 작아 보이게 해 상대에게 적의가 없음을 어필한다. 정신적으로 불안정한 상태인 경우가 많으므로 유연한 태도로 보살펴주자.

긴장을 풀면 몸이 둥글게 된다

'식빵 자세'로 대표되듯 편안한 상태에서 고양이는 몸을 둥글게 말고 있다. 다만 네 다리를 바닥에 붙여서 언제든 도망칠 수 있도록 준비한다. 배를 내보이고 벌렁 드러누워 있다면 유유자적하는 심리다. 편안히 쉬게 해주자.

꼬리로 기분을 읽는다

균형을 잡고, 마킹을 하고, 스피커 역할까지…

다채로운 움직임은 섬세한 근육과 뼈에서

고양이의 기분을 읽고 싶다면 꼬리를 보라. 고양잇과의 동물은 꼬리로 의사 표시를 한다. 고양이의 꼬리에는 미추라고 하는 18~19개의 연결된 짧은 뼈와 12개의 근육이 있어서 미세한 움직임을 만들어낼 수 있다. 자유자재로 움직이는 꼬리는 몸의 균형을 잡을 뿐 아니라 다양한 감정도 표현한다. 꼬리가 이어지는 초입에 피지선이 있어 마킹의 기능도 하고 있다.

개도 꼬리로 감정을 표현하지만 개와 고양이는 그 의미가 다르므로 주의하도록 하자.

관찰·대기	우호	기쁨	도발
상황을 지켜볼 때 꼬리가 수평보다 약간 위로 올라감	꼬리를 위로 곧추세우고 친하게 지내자고 신호를 보냄	꼬리를 좌우로 떨면서 기쁨을 표현. 만족스러움	꼬리를 곧추세워 좌우로 흔드는 건 상대를 깔보는 것
방어	**공격 준비**	**분노**	**불안**
공격 준비와 마찬가지로 늘어뜨리고 있지만 꼬리에 힘이 들어가 있음	꼬리를 축 늘어뜨리고 공격 태세를 갖춤	털은 곤두세우고 꼬리를 부풀림. 위협을 느끼는 경우도	꼬리가 빳빳이 서 있지만 끝이 말려 있음
공포·복종	**흥미·경계**	**초조**	**릴랙스**
무서워서 꼬리를 다리 안으로 넣어 몸을 작아 보이게 함	꼬리 끝을 흔들며 경계하면서도 한편 흥미가 있음	꼬리를 내리고 좌우로 흔들면 무언가 마음에 들지 않음	꼬리를 지면과 수평으로 뻗고 있다

고양이도 기분 좋을 때의 걸음걸이가 있다

걷는 모습으로 기분을 읽는다

기본적으로 살금살금. 변화가 있다면 요주의!

고양이는 보통 머리를 들고 발끝으로 걷는다. 발 전체가 아니라 발가락뼈만으로 보행하는 '지행성趾行性'이라는 걷기 방식인데 고양잇과나 갯과의 동물에게서 특징적으로 나타난다. 발소리가 나지 않게 살금살금 걷는 걸음이다. 야생 상태에서 먹잇감이 눈치채지 못하게 가까이 접근해 돌진하거나 급선회할 때 매우 효율적인 걸음걸이다.

건강한 고양이는 일정 리듬의 보폭으로 낭창낭창 튀듯이 걷는다. 발뒤꿈치를 붙이고 걷는다든지 다리를 질질 끌며 걷는다면 몸 상태가 좋지 않을 가능성도 있다.

상태가 좋지 않는 걸음

얼굴과 꼬리를 내리고 터벅터벅 걸을 때는 몸 상태가 나쁘거나 스트레스가 쌓인 경우이다. 주의해서 관찰할 것.

기분 좋은 걸음

얼굴과 꼬리를 위로 힘차게 올리고 리드미컬하게 걸을 때는 기분이 좋다는 증거다. 그래서인지 표정도 만족스러워 보인다.

발뒤꿈치를 붙인 걸음

경계하는 것도 아닌데 머리를 내리고 있다든지 또는 발뒤꿈치를 붙이고 걷는다면 어딘가 아프다는 사인. 병원에 문의해보자.

경계하는 걸음

몸을 낮추고 천천히 걷는다면 경계하고 있다는 의미다. 언제든 바로 덤벼들 수 있게 상반신을 굽히고 걷는다.

놀이로 운동 부족을 해소한다
사냥꾼 본능을 부추긴다

싫증을 잘 내는 만큼 꾸준함이 중요

천성적 사냥꾼인 고양이는 놀이를 통해서 사냥법을 익힌다. 고양이와 놀아줄 때 먹잇감이 되는 작은 동물 장난감을 까부르듯 움직여서 내면에 잠재된 수렵 본능을 자극하면 열심히 몰두한다. 기본적으로 쉽게 싫증을 내는 성격이라 놀아주는 시간은 짧아도 괜찮다. 대신 놀이 횟수를 늘려주면 좋다. 놀이는 집에서 활동량이 많지 않은 고양이의 운동 부족과 스트레스 해소에 도움이 된다. 다만 억지로 강요하지 말고 고양이가 좋아하는 방식을 존중해 주자.

아기 고양이 때 충분히 놀아준다

고양이의 연령에 따라 놀이 방식을 바꿔준다. 특히 아기 고양이는 성장기의 놀이가 중요한데 정신적, 육체적으로 성숙하는 데 도움이 되기 때문이다. 강아지풀과 같은 장난감으로 위아래로 활발하게 흔들며 놀아주면 운동 효과를 높일 수 있다.

잘못 먹는 걸 방지하기 위해

작거나 부드러워서 조각조각 잘 찢어지는 물건은 놀다가 고양이가 잘못해서 삼킬 위험이 있다. 다 놀고 나면 제자리에 잘 정리해두자. 방 여기저기 돌아다니게 방치하는 것은 절대 금물! 주인이 다른 일을 하면서 건성으로 놀아주는 것도 좋지 않다.

MEMO

똑같은 장난감으로만 상대하면 싫증을 낸다. 강아지풀로 놀아주었다면 다음은 손전등을 비추는 등 변화를 준다.

고양이 마음을 사로잡는 쓰다듬기

컨디션 관리의 기본이므로 정확한 지식을!

가장 좋아하는 위치를 찾아 집요하지 않게

고양이는 대개 부드럽게 쓰다듬어주는 걸 아주 좋아한다. 고양이를 쓰다듬으면 주인도 힐링이 되고 고양이 건강에 문제가 있는지 조기에 발견할 수도 있어서 스킨십은 매우 중요하다.

고양이가 특히 좋아하는 부위는 털 다듬기를 할 때 혀가 닿지 않는 곳이다. 반대로 다리나 꼬리를 만지면 싫어하는 고양이가 많다. 다만 고양이에 따라 좋아하는 부위가 천차만별이므로 기분이 어떤지 반응을 확인하면서 만져주자.

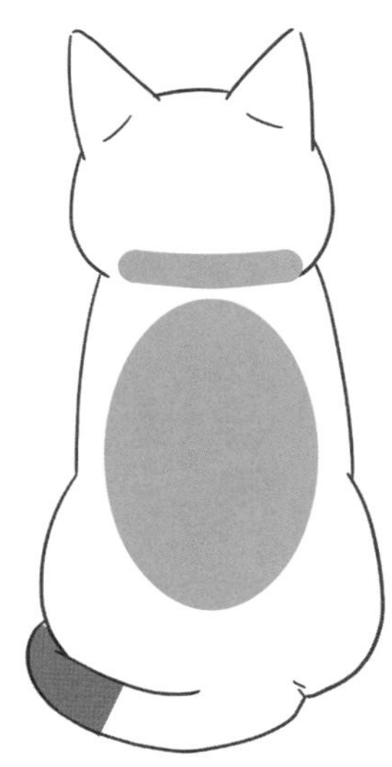

일반적으로 고양이는 얼굴과 목 주변, 등을 부드럽게 쓰다듬어주는 걸 좋아하는 경향이 있다. 그중에서도 얼굴이나 턱 밑은 고양이의 분비선이 집중되어 있어서 특히 좋아한다. 반면 급소인 배 주변은 거의 모든 고양이가 싫어하므로 만지지 말 것.

포인트

고양이를 쓰다듬을 때는 큰 소리를 내지 말고 천천히 움직이는 게 중요하다. 손바닥보다 손가락의 지문이 있는 부분으로 부드럽게 쓰다듬어주자. 매일 스킨십을 하면서 몸에 변화가 있는지 관찰한다.

NG

고양이를 쓰다듬을 때 흔히 하는 실수는 집요하게 계속하는 것이다. 꼬리를 좌우로 흔들기 시작하면 끝내라는 사인이므로 싫어하기 전에 그만두자. 털 다듬기를 할 때나 식사 시간도 쓰다듬는 걸 싫어하는 타이밍이다.

애교쟁이로 만드는 안기 비법

안기는 것을 싫어하지 않게 만들려면 처음이 중요

고양이를 미용할 때도 잘 안아주어야

고양이는 안기는 것을 거북해한다. 대개는 단호하게 거부하는 것이 일반적이다. 이는 동물 전반에서 볼 수 있는 공통점으로, 포옹으로 인해 몸이 구속되고 움직일 수가 없기 때문이다. 아무리 좋아하는 주인이라 해도 필시 1분도 가만있지 않는다. 그러나 예를 들어 발톱 손질 등 필요에 의해 안아야 할 순간이 있다. 이때는 고양이의 하반신을 제대로 받치고 서로의 몸을 밀착시켜서 안는 것이 요령이다. 몸의 일부를 억지로 끌어당기거나 지나치게 세게 안는 것은 좋지 않다.

고양이를 배려한 포옹법

❶ 안기 전에 먼저 말을 건다

설령 고양이가 가까이 다가온다 해도 일방적으로 안는 것은 NG. 고양이가 깜짝 놀라 도망가거나 거부한다. 우선 먼저 말을 걸어서 '안기 전의 통례'에 익숙해지게 하는 것이 좋다.

❷ 부드럽게 안아 올린다

고양이에게 말을 걸고 나서 싫어하는 기색이 없으면 고양이를 안는다. 고양이의 양 겨드랑이 아래에 손을 넣어서 부드럽게 안아 올린 뒤 바로 한쪽 손으로 고양이의 하반신을 떠받치듯 안정적으로 받쳐준다.

❸ 안정적으로 감싸 안는다

주인과 고양이 사이에 틈이 생기면 불안정해서 불안해한다. 고양이의 몸을 전체적으로 감싸 안아주면 안심한다. 다만 꽉 안는 건 NG. 고양이에게 스트레스를 준다.

MEMO

아직 서로 익숙해지지 않아 안는 걸 연습할 때는 먼저 앉은 자세로 할 것. 서서 안다가 자칫 고양이가 버둥거리면 바닥으로 떨어뜨릴 수 있다.

고양이에겐 너무나 소중한 육구

발끝은 민감한 부위. 만지려면 사전에 기분을 살필 것

육구 마사지 해줄까?
그냥 만지고 싶은 핑계잖아
됐다냥

주인의 선의가 고양이에게는 스트레스…?

고양이의 최대 매력 포인트인 육구. 이것에 매료되어 육구만 찍은 사진집이 따로 나올 정도다.

육구는 고양이의 몸에서 유일하게 땀샘이 있는 곳이다. 땀을 내서 체온을 조절할 뿐 아니라 말랑말랑하게 되어 있어 높은 곳에서 뛰어도 충격을 흡수하며, 걸을 때 나는 소리를 없애고, 미끄러지지 않도록 하는 등 중요한 역할을 한다. 그런 만큼 대단히 민감한 부위이다. 아기 고양이 때부터 육구 만지는 습관을 들였다면 거부하지는 않겠지만, 어쩌면 내심 귀찮아할 수도 있다.

가는 다리로 체중을 지지하기 위한 쿠션

고양이는 몸의 몇 배나 높은 위치에서 시원스럽게 뛰어내린다. 이때 기예 수준의 착지를 지탱하는 곳이 육구이다. 심지어 먹잇감이 눈치채지 않도록 소리를 지우는 기능도 있다. 충격에 강하기는 하지만 털도 나지 않는 섬세한 부위이므로 만질 때 조심할 것.

마사지하는 김에 건강 체크도

고양이가 육구를 만지게 해준다는 사실에 너무 들떠 있는 것은 아닌지. 모처럼 스킨십할 기회를 잡았다면 육구 마사지를 하는 김에 발톱이 너무 자라지 않았는지 등 건강을 함께 체크하자.

MEMO

육구 사이에 자라는 털은 기본적으로 자를 필요가 없다. 하지만 고령의 장모종은 미끄러질 위험이 있으니 동물용 이발 기계 등으로 잘라준다. 어려우면 동물병원이나 미용사에게.

손님을 위협할 때는 모른 척

고양이와 방문객 모두의 스트레스를 배려할 것

손님이 왔을 때 고양이의 반응은 십묘십색?

자기 영역 의식이 강한 고양이에게 손님은 갑자기 찾아든 적으로 느껴지기 쉽다. 지지 않고 위협하는 고양이가 있는가 하면 현관 벨이 울리는 순간 숨는 고양이도 있다. 한편으론 애교를 부리며 다가오는 고양이, 손님이 나쁜 짓은 하지 않는지 보디가드처럼 망을 보는 고양이 등 성격에 따라 제각각이다.

어느 쪽이든 고양이에게 나쁜 뜻은 없으므로 혼내지 말도록. 가능하면 돌발적으로 외부인과 대면하지 않게 대처하는 것이 현명하다.

평화를 위해 필요한 것

고양이는 기본적으로 싸움을 좋아하지 않는다. 자기 영역에 침입자가 들어온다 해도 싸움을 하지 않고 원만하게 지나가면 다행이라 생각한다. 캭, 하는 소리는 상대방을 돌려보내기 위한 견제의 방법이다. 손님에게만이 아니라 고양이 사이에서도 볼 수 있다.

고양이의 피난 장소를 사전에 준비

손님을 경계하는 고양이를 억지로 대면하게 하는 것은 고양이에게 큰 스트레스다. 이 경우엔 사전에 피해 있을 장소를 만들어주면 고양이가 안심하고 시간을 보낼 수 있다. 고양이가 자칫 마킹을 하지 않도록 손님의 물건은 고양이 활동이 미치지 않는 곳에 잘 보관한다.

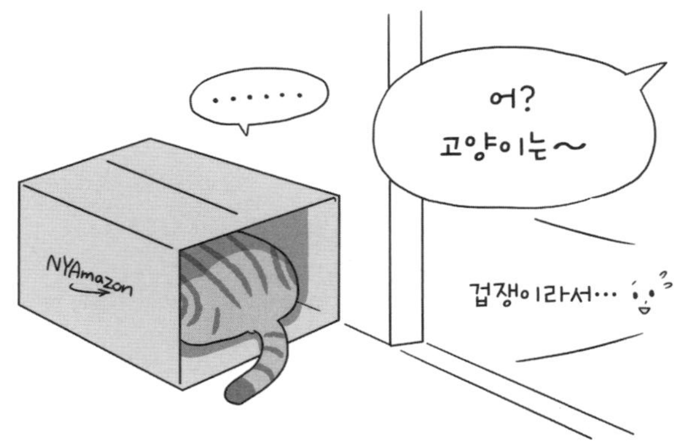

MEMO

손님이 있어서 고양이가 화장실에 가지 못하고 실수를 하는 경우도 있다.
미리 화장실 위치를 조정해둔다.

스트레스, 식욕부진 해소. 고양이가 좋아하는 비밀 병기
대대로 전해 내려오는 개다래나무

적당량이라면 틀림없이 좋아한다

예부터 고양이가 아주 좋아하는 것으로 알려진 개다래나무. 사람에게도 중풍 등 통증을 다스리는 약재로 사용된다. 고양이용으로는 건조한 분말이나 작은 가지로 시판되고 있다. 대부분의 고양이가 개다래나무 냄새를 맡으면 황홀해하고 몹시 취한 듯한 상태가 된다. 개다래나무의 마타타비락톤, 액티니딘이라는 성분이 고양이의 뇌를 자극하기 때문이라고 한다.

캣닙 등 민트계 허브도 고양이가 매우 좋아한다. 모두 마약과는 달라 상습성은 없으니 안심해도 좋다.

호랑이, 사자도 아주 좋아한다

개다래나무의 냄새에 흥분하고 취하는 것은 집에서 키우는 고양이뿐이 아니다. 사자와 호랑이 같은 고양잇과 동물도 비슷한 반응을 보인다. 이는 사람과 개에게는 일어나지 않는 현상으로 자세한 이유는 아직 규명되지 않았다.

양을 반드시 확인할 것

상습성이 없고 효과도 오래가지 않지만 개다래나무를 너무 많이 주는 것에는 주의가 필요하다. 한 번에 다량 섭취한 고양이가 너무 흥분해서 호흡곤란을 일으켰다는 보고가 있다. 우선은 귀이개 하나 정도의 분량으로 고양이의 상태를 봐가면서 조절한다.

MEMO

개나래나무의 열매를 팔기도 한다. 하지만 열매 상태로 고양이에게 주면 자칫 삼킬 위험이 있으므로 NG.

우리 집 고양이의 취향은?
고양이가 좋아하는 것 파악하기

애정을 가지고 고양이가 좋아하는 포인트 파악하기

고양이가 좋아하는 것을 파악하기 위해서는 무엇보다 먼저 고양이의 특성을 이해해야 한다. 기본적으로는 "고양이가 좋아한다"="싫어하는 것은 피한다"고 해도 좋을 것이다. 여기에 더해 개별 특성을 알기 위해서는 평소 커뮤니케이션을 잘하는 것이 필수다.

어떤 장난감을 좋아하는지, 어디를 쓰다듬어주면 안정감을 느끼는지 상태를 관찰한다. 고양이에 따라서 취향이 천차만별이다. 다양한 시도를 하는 가운데 고양이가 좋아하는 것, 숨은 성격을 간파할 수 있다.

고양이가 좋아하는 것 리스트

● 장난감 가지고 놀기

좋아하는 장난감을 가지고 놀거나, 바스락 소리가 나는 비닐봉지와 리본으로 재롱을 떨기도 한다. 형식에 구애받지 말고 고양이의 호기심을 자극해보자.

● '나 잡아봐라~' 놀이

고양이가 갑자기 앞에서 돌진하면 뒤쫓아오라고 유혹하는 것이다. 재빠르게 뒤쫓기 → 앞서가다 뒤돌아본 뒤 다시 도망가기. 이런 식의 패턴이 신나는 놀이 리듬을 만들어준다.

● 숨바꼭질

고양이가 그늘에서 지그시 이쪽을 볼 때는 "찾아주면 좋겠어"라는 사인이다. 주인도 커튼 뒤 등에 숨어서 작은 목소리로 이름을 불러준다.

● 마사지

어깨나 꼬리가 시작되는 부분을 마사지해주면 좋아하는 고양이가 많다. 처음에는 가볍게, 상태를 봐가면서 기분 좋은 혈 자리를 찾아보자.

● 브러싱

브러시 옆에서 데굴데굴 구르며 브러싱해달라고 조르는 고양이가 있을 정도다. 혹시 브러싱을 싫어하는 듯하면 도구를 바꿔서 시도해볼 것.

● 안기 / 쓰다듬기

성격에 따라 다르지만 주인의 무릎 위나 팔 안쪽에 안기길 좋아하는 고양이가 많다. 턱 아래나 귀밑, 코나 눈 주변을 살짝 간질여줘도 행복해한다.

고양이가 싫어하는 것들

사랑하기 때문에 거리를 두는 것이 더 좋다!?

일방적으로 애정을 강요하지 말자

대단한 애묘인임에도 정작 고양이가 좋아하지 않거나 고양이에게 미움받는 사례가 많은 이유는 무엇일까? 이유는 간단하다. 지나치게 간섭하기 때문이다. 고양이는 천성적으로 단독 행동을 즐기는 스타일이다. 자유를 사랑하고 변덕스러우며 프라이버시를 중시한다. 아무리 사랑한다고 해도 인간적인 애정 표현을 강요하는 것은 오히려 고양이에게 괴로움을 안길 뿐이다.

함께 사는 고양이는 귀중한 가족의 일원이지만 어디까지나 인간과는 다르다. 그 모습 그대로 존중해주자.

고양이가 싫어하는 것 리스트

● 빤히 쳐다보기

고양이 세계에서 상대방이 눈을 빤히 응시하는 것은 선전포고와 같다. 매섭게 째려보는 것처럼 느낀다. 눈이 마주쳤을 때는 천천히 깜박이자. 사랑의 사인으로 바뀐다.

● 졸졸 따라다니기

고양이 주변을 계속 따라다니면 귀찮게 느낀다. 고양이가 오라고 권하는 경우 말고는 보고도 못 본 척 무심하게 대한다.

● 숨는 장소 찾아내기

노출이 잘 안 되는 곳에 숨어서도 주인을 응시하거나 다리를 내놓고 움직여 보일 때가 있다. 이런 경우 말고는 숨고 싶어 하는 것이므로 내버려두자.

● 끈질기게 만지기

안거나 쓰다듬는 걸 좋아하는 고양이라도 기분이 내키지 않을 때는 싫어한다. 만지는 걸 싫어하는 성격이라면 한층 더 심하다. 특히 꼬리나 육구는 질색하는 포인트.

● 큰 소리

고양이는 큰 소리를 싫어한다. 노래를 부르면 화를 내는 고양이도 있고, 재채기나 기침을 싫어하는 고양이도 적지 않다.

● 돌발적인 큰 동작

주인을 아주 좋아하는 고양이일지라도 갑자기 동작을 크게 하면 깜짝 놀라 스트레스를 받는다. 항상 침착한 태도로 상대한다.

고양이들의 행복한 시간

질병 예방과 조기 발견에도 효과적인 브러싱

어미 고양이의 마음으로 부드럽게, 부드럽게!

정기적인 브러싱은 미용의 기본이다. 빠진 털이나 때를 제거하고 질병의 원인이 되는 헤어볼(고양이가 삼킨 털이 위액 등과 섞여 소화기관에 뭉쳐 있는 현상–옮긴이)을 방지할 뿐 아니라 마사지 효과로 혈류를 좋게 해 건강관리에도 도움이 된다. 브러싱은 스킨십의 측면도 있다. 장모종은 매일, 단모종이라도 일주일에 한 번은 브러싱하는 시간을 갖도록 한다. 어미 고양이가 혀로 새끼의 털 다듬기를 하는 것처럼 털 방향을 따라서 빗어준다. 피부병 등을 조기에 발견할 수도 있다.

털 다듬기만으로는 부족하다

고양이는 늘 스스로 털 다듬기를 하지만 그것만으로는 빠진 털이 충분히 제거되지 않는다. 스스로 핥기 힘든 부분도 있고 특히 장모종이나 봄가을에 털이 새로 나는 시기에는 빠지는 털이 놀랄 만큼 많다. 털을 다듬다가 고양이의 위가 털로 가득 찰 우려도 있다.

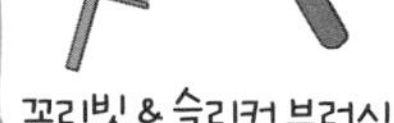

털 길이에 맞는 도구 고르기

고양이의 털 길이에 따라 적당한 도구도 달라진다. 장모종이라면 꼬리빗이나 빗는 돌기가 길게 나 있는 슬리커 브러시, 단모종이라면 고무 브러시를 선호하는 경향이 있다. 브러싱을 싫어하는 듯하면 도구를 교체해볼 것.

브러싱을 자주 해주어 건강하게

빠진 털 뭉치를 원활하게 토하는 고양이도 있지만 구토를 힘들어하는 고양이도 있다. 위에 털이 너무 쌓여서 건강 상태가 나빠지는 경우도 있으므로 토하지 않거나 토사물 속에 털이 보이지 않는 경우엔 특별히 신경 써서 브러싱을 해주자.

MEMO

강하게 거부하면 자칫 스트레스가 우려된다.
무리하게 강요하지 말고 서서히 익숙해지도록 할 것.

기본적으로 고양이는 스스로 깨끗하게 몸단장

장모종은 한 달에 한 번 샴푸를

빨리 씻고 빨리 말리기. 사람도 고양이도 익숙해지도록

기본적으로 고양이에게 샴푸는 필요 없다. 하지만 장모종은 털 다듬기를 할 때 혀가 전신에 닿지 않으므로 한 달에 한 번은 샴푸를 해주자.

집고양이의 먼 조상인 리비아고양이는 사막에서 서식하였다. 그 때문인지 많은 고양이가 몸이 물에 젖는 것을 싫어한다. 수월하게 샴푸를 하려면 아기 고양이 시절부터 익숙해지게 하는 것이 바람직하다. 또 인간과 고양이는 피부 pH(산성, 알칼리성 정도를 나타내는 수치)가 다르므로 고양이 전용 샴푸를 사용한다.

샴푸할 때 주의 사항

❶ 창이나 문을 확실하게 닫기

샤워에 익숙하지 않은 고양이는 패닉 상태가 되어 날뛰는 경우도 있다. 문이나 창이 열리지 않도록 미리 잘 단속해둔다.

❷ 적절한 온도로 기분 좋게

고양이는 사람보다 평상시 체온이 높다. 주인에게 딱 좋은 온도가 고양이에겐 살짝 미지근해서 알맞다.

❸ 고양이 전용 샴푸를

피부가 민감하고 인간과 pH도 다르다. 주인의 샴푸는 몸에 부담이 되므로 고양이 전용을 사용하자.

❹ 고양이의 컨디션

고양이의 몸 상태가 나쁘지 않은지, 열이 있는지, 고양이의 발톱, 주인의 손톱이 길지는 않은지 미리 확인하자.

젖으면 홀쭉이로

장모종 고양이는 일반적으로 실제보다 꽤 부하다. 젖었을 때의 모습이 본래 몸 크기다.

MEMO

단모종은 스스로 하는 털 다듬기와 평소 주인이 해주는 브러싱으로 청결이 유지된다. 몸에 지저분한 것이 묻지 않는 이상 무리해서 샤워하지 않아도 상관없다.

양치를 좋아하는 고양이는 없지만 매우 중요한 일과

규칙적인 이 닦기로 건강한 장수묘로!

최소 3일에 한 번, 힘들어도 꼬박꼬박

고양이는 어금니, 송곳니, 앞니의 3종류, 영구치 30개가 있다. 충치는 발생하지 않지만 치주 질환은 증가하는 추세다. 크고 딱딱한 고기나 뼈를 씹어서 자연스럽게 이를 닦는 효과를 얻는 야생 고양이와 달리 주인이 주는 사료를 먹는 집고양이는 치석이 쌓이기 쉽다.

특히 노묘일수록 이 닦기의 중요성이 높아진다. 갑자기 칫솔을 사용하는 것에는 거부감을 보이며 저항하는 경우가 많다. 처음엔 축축한 거즈를 사용해 서서히 익숙해지도록 한다.

무리하지 말고 부드럽게, 세심하게

고양이에게는 스트레스가 되는 일과 중 하나다. 천천히 조금씩 익숙해지도록 하자. 칫솔은 고양이 전용을 쓰는 것이 가장 좋다. 없는 경우 유아용 칫솔로 대용할 수 있다. 고양이는 입을 헹구지 않으므로 치약을 쓸 때는 삼켜도 해가 없는 고양이 전용을 쓴다.

송곳니와 어금니는 공들여서

고양이를 뒤에서 끌어안고 살짝 위쪽을 향해서 입을 벌린다. 앞니에서 시작해서 조금씩 안으로 진행한다. 제일 오염되기 쉬운 곳이 위 어금니다. 저항해도 풀지 말고 제대로 손질해주어야 한다. 멋진 송곳니도 잘 닦아주자.

패닉 상태가 된 고양이에게 물리지 않도록 칫솔질할 때는 긴장을 늦추지 말아야 한다. 얼굴을 쓰다듬으며 안정이 되면 시작할 것.

스스로 갈지만 그래도 발톱은 자란다
발톱 깎기 요령은 무리하지 말고 신속히

타이밍을 보면서 무리하지 말고 조금씩

날카롭고 뾰족한 발톱은 주인의 몸에 상처를 입히거나 가구를 너덜너덜하게 만들어서 곤란하다. 하지만 발톱 깎기를 싫어해서 날뛰거나 도망을 쳐서 난처하기만 하다.

이러한 어려움을 해결하기 위해서는 햇볕을 쬐고 있을 때나 선잠을 자는 틈을 노려본다. 고양이가 멍하니 긴장을 풀고 있을 때 재빠르게 처리하는 것이다. 고양이가 강하게 거부하면 억지로 무리하지 말고 뒤로 미루자. 잘못해서 혈관을 다칠 수 있으므로 차분하고 조급하지 않게 대처하는 자세가 중요하다.

너무 자라면 보살핌이 필요

발톱이 길면 걸려서 사람들의 몸에 생채기를 내거나 가구나 커튼 등에 흠집을 낸다. 그뿐 아니라 자라난 발톱이 걸려서 자신이 곤란해지는 경우도 있다. 노묘의 경우엔 너무 자라난 발톱이 육구를 찌르는 일도 있다.

손톱을 바짝 자르면 아프니 주의!

발톱을 빛에 비춰보면 빨간 줄이 또렷이 보인다. 이것은 혈관이며, 다치면 피가 난다. 또 이 부분까지는 신경이 지나가므로 통증도 느낀다. 너무 아슬아슬하게 바짝 깎지 말고 여유 있게 끝부분만 살짝 자른다.

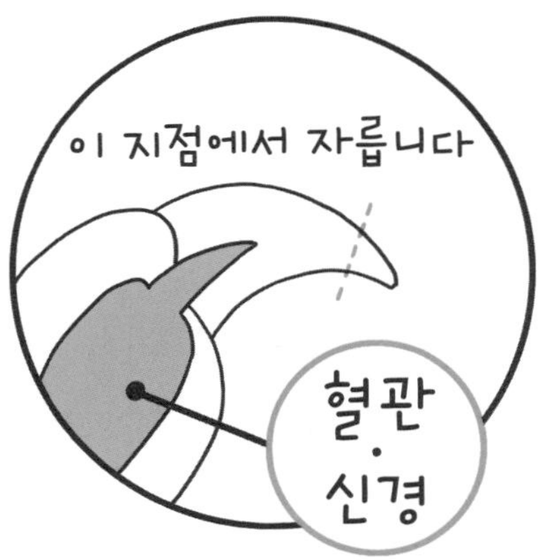

MEMO

주인이 긴장하면 고양이한테까지 전해진다.
한 번에 전부 깎지 않아도 좋으니까 자연스럽게 슬쩍 시도하자.

마사지로 일석삼조 릴랙스 효과

컨디션을 살피며 혈 자리를 발견하는 재미까지!

스킨십에 최고! 고양이, 주인 모두 행복

고양이가 쓰다듬거나 브러싱해주는 것을 좋아하는 사실은 잘 알려져 있다. 그런데 은근히 마사지도 아주 좋아하는 것을 아는지. 어깨 뭉침 같은 것은 전혀 해당 사항이 없겠지만 많이 움직이는 목 주변 등은 의외로 경직된 경우가 많다. 부드럽게 주물러서 풀어주자.

고양이 마사지에 정해진 순서는 없다. 기분 좋은 혈 자리나 세기 정도도 고양이마다 제각각. 넋을 잃고 눈을 감고 있다면 즐기고 있다는 증거다. 어느새 고양이가 먼저 해달라고 조르기도 한다.

제 4 장

생활 속 궁금증과 올바른 케어

네?

할아버지가 편찮으시다고요?

도라키치

밥

물

화장실

멍-

음, 바로 가기는 힘들겠다…

집까지는 비행기로 갈 거리이고, 3박은 할 텐데…. 도라키치 혼자 집을 지킬 수 있을까?

하암

고양이를 혼자 두는 것은 최대 1박 2일만!

음~

어떡하지…

반려동물 호텔…

4일 후

도라키치, 혼자서 대단하네. 외로웠지. 할아버지 건강해지셨어

꼬옥

이번에는 어떻게 그럭저럭 넘어 갔지만
주물 주물
도라키치도 어른이 되고 할아버지가 되면…
어른이다!
밥은 아직인 게냐
병에 걸릴 수도 있고
게다가
나도 계속 독신이 아닐 수 있고
아이들
남편
멋진
꿈의 스위트 홈

다닥—
주인으로서 여러 가지를 생각해야겠어!
꾹

으—음
도라키치를 위해서 일단 할 수 있는 것은…

이거다!!
평소 할 수 있는 건강 체크리스트

① 체온을 잰다
② 몸을 만져본다
38.1°C
삑
③ 마시는 물의 양 체크

무거워
체중 체크…

다행은 무슨…
앗! 내가 찐 거구나, 다행이다, 다행이다

○ 호흡수 체크
○ 심박수 체크
○ 식욕 체크
○ 배설물…
체크해야 할 게 여러 가지네

병원을 고르는 요령이나
저기 있다
품종별로 걸리기 쉬운 병이라든지
페르시안 →눈병
아비시니안 →간 질환
스코티시폴드 →골연골 이형성증
중얼 중얼
……
공부해야 할 게 많아!
털퍽
쿨쿨 쿨쿨
계속 건강하게 옆에 있어줘, 도라키치
음냐 음냐

혼자 두는 것은 1박 2일까지지만

고양이에게 안전한 환경을 만들어놓고 외출한다

아기 고양이와 노묘는 특히 주의할 것

고양이는 원래 독자적으로 생활하는 것이 기본이므로 혼자 두는 것은 큰 문제가 없다. 그렇지만 식사와 물의 신선도가 떨어지거나 뜻밖의 사고나 병과 같은 만에 하나의 경우를 고려해서 1박 2일까지로 제한한다. 안전, 쾌적, 청결한 환경을 만들어놓고 외출하는 것은 기본적인 전제다. 특히 활발한 아기 고양이는 돌발 사고를 일으킬 가능성도 있다. 2박이 넘으면 반려동물 호텔에 부탁하고 펫시터에게 의뢰하거나 신뢰할 수 있는 친구에게 부탁해서 상태를 보러 가달라고 하는 것이 좋다.

반려동물 호텔, 동물병원을 이용

반려동물 호텔은 사전에 방문해 스태프와 직접 대화하면서 설비와 상태를 확인하고 정해놓자. 단골 동물병원에서 맡아준다면 더 안심할 수 있다. 고양이에 따라서는 익숙하지 않은 장소에서 다른 동물의 기척을 느끼면서 지내는 것이 큰 스트레스일 수 있으므로 신중하게 결정하자.

가족・지인에게 부탁한다

신뢰할 수 있는 분에게 보살펴달라고 부탁하는 것도 좋다. 자택에 와서 머무르거나 상대의 집에 맡기는 선택지 중에서 자택에서 봐주는 것이 아무래도 고양이 입장에서는 불안 요소가 적을 것이다. 가능하다면 미리 상대와 고양이를 만날 수 있게 해주자.

펫시터에게 부탁한다

펫시터는 집에 와서 반려동물을 보살펴주므로 고양이에게는 부담이 적은 방법이다. 일반적으로 호텔보다 가격이 비싸지 않다. 전담해서 일을 하는 분이니 안심할 수 있지만 그래도 반드시 자택에서 미리 상의하는 것이 좋다.

고양이 혼자 집을 지킬 때는 많은 양의 드라이 푸드와 물을 몇 군데 놓아주고 화장실도 가능하면 여러 개 준비한다.

케이지는 넓이보다 높이가 중요

안에서 상하 운동이 가능하면 좋아한다

단시간 혼자 둘 때나 아기 고양이가 장난이 심할 때

아기 고양이의 과한 장난 방지나, 사람이 들락날락 왕래가 많은 곳에서 고양이를 일시적으로 격리시켜야 할 때 케이지가 도움이 된다. 발톱이 잘 걸리지 않는 철제나 플라스틱 재질이 좋고 가능하다면 넓고 높이가 있는 것을 선택하자. 고양이는 상하 운동을 좋아하므로 2~3단의 높이가 있고 발판이 붙은 형태를 추천한다.

고양이가 스스로 자진해서 들어가는 경우는 괜찮지만 너무 장시간 넣어두면 스트레스를 받아 몸 상태가 안 좋아질 수 있다.

케이지의 장점

계속 지켜볼 수 없을 때나 장난이나 사고를 방지하는 대비책으로 유용하다. 뛰어다니며 소란을 피우거나 아침 일찍 깨우는 걸 예방하기 위해 밤에만 케이지에 넣어둔다는 주인도 있다. 고양이는 안전을 기하고, 주인은 안심할 수 있도록 잘 활용해보자.

케이지 사용 시 주의 사항

고양이가 불안한 기색을 보이면 케이지 위를 천으로 덮어보자. 고양이가 좋아하는 천을 넣어주는 방법도 좋지만 고양이가 잘못해서 먹을 수 있는 작은 사이즈의 물건은 피한다. 장시간 있을 경우에는 물과 화장실은 물론 음식도 함께 챙겨준다. 다만 주인이 있는데도 가둔 채 오래 두는 것은 바람직하지 않다.

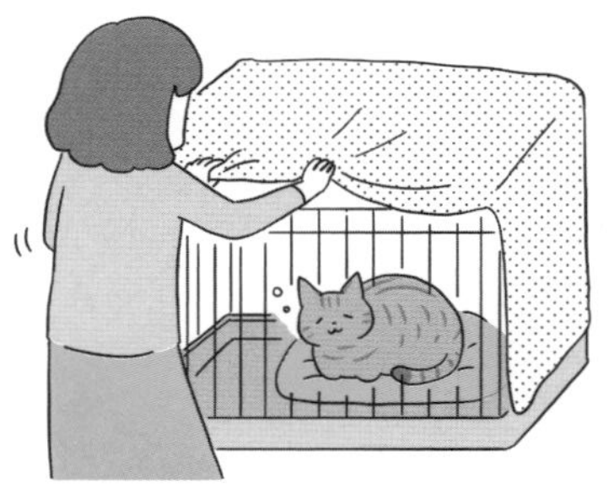

케이지를 두는 곳

햇빛이나 에어컨 바람이 계속 직접 닿거나 눈이 부신 장소, 사람이 다니는 길목은 피한다. 방의 한구석, 편안하고 조용한 곳을 고양이도 한결 안락하게 느낄 것이다.

물이나 밥은 가능하면 화장실에서 떨어진 장소에 둔다. 특별히 사이가 좋은 고양이가 아니라면 개별로 하나씩 케이지를 준비한다.

여러 마리를 사이좋게 키울 수 있다면…
고양이도 궁합이 있다

성격이나 타이밍도 중요. 서두르지 말고 자연스럽게!

고양이는 본래 단독 행동을 좋아하지만 조합이 잘 맞으면 여러 마리를 기르는 것도 가능하다. 가장 궁합이 좋은 조합은 어미와 새끼, 형제자매, 아기 고양이끼리다. 반대로 자기 영역 의식이 강한 수컷을 한데 섞거나, 점잖은 노묘와 장난이 심한 아기 고양이를 동반해 키울 때는 잘 어울리지 못하는 경우가 많다. 새로 고양이를 맞이하면 아무래도 신참에게 눈길이 더 가므로 이 점에는 주의할 것. 먼저 키우던 고양이를 우선적으로 신경 써준다. 또 고양이 각자의 사생활을 존중하는 것도 중요하다.

고참 고양이를 배려한다

먼저 살던 고양이에게 신입 고양이는 자기 영역에 침입해 들어온 낯선 존재다. 밥을 주거나 놀 때는 고참 고양이부터 우선권을 주는 것이 기본이다. 때때로 신입 고양이의 기척이 없는 곳에서 충분히 스킨십을 해주도록 하자.

대면은 신중하게

고양이들은 서로 경계한다. 급하게 대면시키지 말고 그전에 서로의 냄새나 기척에 익숙해지도록 하는 편이 좋다. 새로 들어온 고양이를 케이지에 넣어 천으로 덮은 채 방 한구석에 놓아두거나 잠시 다른 방에서 살게 하는 방법도 있다.

사이가 원만하지 않은 경우는

고양이끼리 얼굴을 마주하면 위협하거나 좀처럼 서로 사이가 좋아지지 않는 경우도 있다. 그런데 어느 한쪽이 공격하거나 계속 심하게 싸우는 것이 아니라면 큰 문제는 아니다. 서로 무심하게 생활하는 정도라면 나쁘지 않다. 방을 나누어 지내게 하는 방법도 있다.

MEMO

도저히 사이가 좋아지지 않는 경우를 고려해서 새로 고양이를 들이기 전에 먼저 키우는 고양이와 조합이 맞을지 사전에 확인하는 것이 바람직하다.

이동 가방은 위가 열리는 타입으로

필요할 때를 대비해 미리 익숙해지도록 할 것

편안한 가방은 스트레스를 줄여준다

이동 가방은 동물병원에 데려가는 등 외출할 때 필수적이다. 추천하는 것은 플라스틱 소재로, 위로 커버가 열리는 타입. 발톱이 걸리지 않고 고양이를 넣고 꺼내기가 편해야 한다.

고양이는 본래 이동 가방 같은 협소한 곳을 아주 좋아한다. 하지만 이동 가방 → 병원 → 주사의 공포를 체험한 뒤엔 거부반응을 보이는 경우가 꽤 있다. 평소에 이동 가방을 잠자리로 이용하는 등 친숙하게 만드는 것도 하나의 방법이다.

타입도 여러 가지

손잡이가 달린 바구니, 숄더백, 배낭 타입 등 여러 가지가 있다. 주인의 얼굴이 가까이에 있어야 안심하는 고양이도 있다. 차를 이용할지, 손으로 들고 갈지 이동 방법을 고려해 선택하자. 뛰쳐나가는 걸 방지하는 구조로 되어 있는지를 반드시 체크하길!

이동 가방을 좋아하도록 만들자

평소 방에 두고 노는 장소나 은신처처럼 사용하면 이동 가방에 갇히는 것에 대한 저항감이 줄어든다. 안락한 장소에 두고 좋아하는 천을 이용해 '기분 좋은 곳'이라는 느낌을 갖도록 하자.

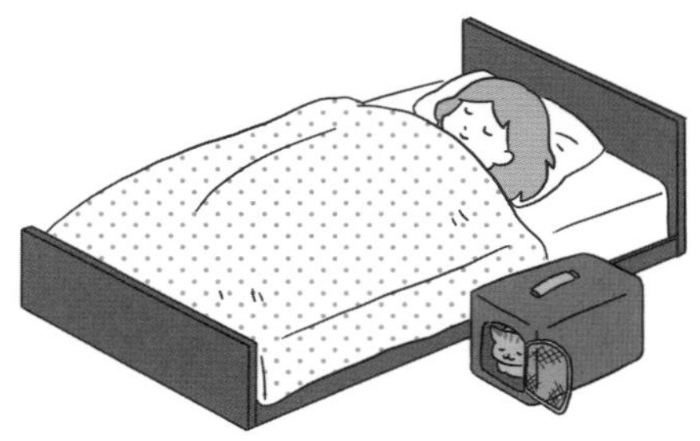

세탁망도 대활약

만에 하나 뛰어나가거나 안에서 날뛰어서 부상과 체력 소모가 걱정된다면 세탁망에 고양이를 잠시 넣고 지퍼를 잠그면 안심할 수 있다. 대부분의 고양이는 세탁망을 좋아한다. 병원에서 날뛰는 경우엔 그 상태로 진찰대까지 옮길 수도 있다.

MEMO

차에 태울 경우 고양이가 이리저리 돌아다니면 위험하다. 차 안에서도 이동 가방 밖으로 나오지 않도록 단속한다.

이사 당일엔 부주의 사고에 유의

고양이의 스트레스를 최소한으로 줄일 수 있도록 계획적으로

이사 전후 고양이의 상태를 잘 지켜본다

급격한 환경 변화를 싫어하는 고양이에게 이사는 큰 스트레스다. 특히나 낯선 사람이 많이 들락거리는 이사 당일은 각별히 주의하자. 짐이나 가구를 옮길 때 문을 열어두기 때문에 이삿짐센터 직원에 놀라 고양이가 도망칠 위험도 있다.

작업 중에는 이동 가방에 있도록 하는 것이 손쉽지만 반려동물 호텔에 맡기는 방법도 있다. 고양이 바로 옆에서 어수선하게 짐을 나르는 것보다는 스트레스가 적어서 안심할 수 있다.

맡길 수 없는 경우는

먼저 방 하나를 정리해서 외부인이 들어오지 않는 고양이 방을 정해두면 좋다. 이동 가방에 넣어서 화장실이나 욕실에 두는 방법도 있다. 무슨 일이 일어나는지 걱정할 수 있으므로 가끔씩 주인이 얼굴을 보여주면서 말을 걸어준다.

고양이의 이동은

새로운 거처로 이동할 때는 자동차를 이용하는 것이 최상이다. 버스나 지하철 같은 대중교통의 경우는 작은 사이즈의 반려동물에 한해 케이지에 넣은 상태로만 이동할 수 있다. 자가용이 없는 경우에는 렌터카를 수배해서 주인과 고양이가 함께 이동하는 것을 추천한다. 거리가 멀어 시간이 많이 걸릴 때는 고양이의 상태를 봐가면서 여유를 가지고 이동한다.

새로운 거처에서는

쌓아놓은 짐이 쓰러지면 위험하므로 어느 정도 방을 정리하고 고양이가 있을 곳(잠자리 등)을 확보한 뒤에 풀어주자. 이사 직후는 특히 가출에 주의해야 한다. 또 가능하다면 이사한 지역의 동물병원을 미리 체크해두는 것이 안전하다.

**주인이 이사하느라 바빠 고양이를 놓치기 쉽다.
세심한 주의를 잊지 말자.**

심신의 건강은 바른 생활 사이클에서

주인의 무신경이 고양이에게까지 악영향

불규칙한 생활은 병이나 스트레스의 원인

고양이의 주요 활동 시간은 새벽과 저녁이다. 이것은 먹이가 되는 쥐가 구멍에서 나오는 시간이라고 한다. 고양이에게는 일조 시간을 감지하는 능력이 있고, 밝기의 변화에 따라서 하루의 생활 리듬을 조절한다.

그런데 주인이 불규칙한 생활을 하면 식사나 수면 시간 등 고양이 본래의 생활 리듬이 흐트러지고 질병에 걸릴 위험도 높아진다. 불가피한 경우는 고양이가 따로 쉴 수 있는 공간을 만들어둔다. 고양이와 주인 서로의 건강을 위해서도 생활 리듬을 건강하게 갖는다.

실은 매우 규칙적이다

실컷 잠자다 맘이 내키는 시간에 잠깐 일어나는 듯 보이지만 고양이는 다른 동물과 마찬가지로 규칙적인 생활을 한다. 인간과는 생활 리듬이 다르므로 주인의 페이스에 휩쓸리지 않도록 언제든 조용히 쉴 수 있는 장소를 준비해주자.

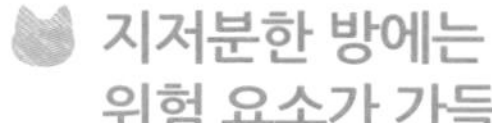

지저분한 방에는 위험 요소가 가득

사람이 먹던 음식을 내놓은 채 방치하다 보면 자칫 고양이가 몸에 나쁜 것을 입에 넣을 수 있다. 작은 물건이나 쓰레기를 잘못 삼킬 수도 있고 부상의 원인이 되기도 한다. 평소 방을 잘 정리 정돈해서 주인과 고양이 모두 쾌적하게 생활하자!

텔레비전을 내내 켜두는 것은 스트레스

조명이나 텔레비전을 계속 켜두면 빛과 소리가 고양이에게 스트레스가 된다. 하루의 반 이상은 소란스럽지 않고 안락한 장소에서 지낼 수 있도록 배려해주자. 특히 밤에는 자연 상태에 맞춰 어둡고 조용하게 쉴 수 있게 해주는 게 좋다.

MEMO

식사, 수면, 배설 등 평상시 고양이의 기본 사이클을 파악해둔다.

계절별 주의 사항

자연에 가까운 환경을 만들어서 사계절을 느낄 수 있게!

인간과는 쾌적함을 느끼는 온도가 다르다?

고양이는 추위와 습도에 약한 경향이 있다. 품종에 따라 다르지만 일반적으로 고양이에게 쾌적한 온도는 20~28℃, 습도는 50~60%다. 공간별로 실내 온도 차가 있으면 고양이가 자유롭게 다니면서 체온을 조절할 수 있다.

봄가을은 털갈이 시기라 털이 빠지는 양이 늘어나므로 부지런히 브러싱을 해줄 필요가 있다. 또 더울 때도 추울 때도 하루에 수차례 환기를 해주어 외부의 신선한 공기를 마실 수 있게 한다. 가능한 한 자연과 가까운 환경을 만들어주면 스트레스도 해소된다.

 봄

겨울털이 빠지는 시기엔 특히 대량으로 털갈이를 한다. 평소보다 한층 열심히 브러싱을 해주자. 벼룩이나 진드기가 붙기 쉬운 계절이기도 하므로 실내를 청결하게 유지하고, 브러싱을 할 때도 주의해서 살펴봐야 한다. 발정이 나는 계절이라는 점도 염두에 두어 탈출에 주의한다. 발정기의 고양이는 본능의 힘 때문에 보통 때보다 더 힘이 세진다.

 여름

고양이는 비교적 더위에 강한 동물이지만 습도에는 약하다. 습한 날은 제습기를 가동하는 등 대책을 세우자. 냉방이 너무 강한 방도 좋지 않다. 가능하면 창을 조금 열고 스토퍼를 끼워서 외부 공기가 통하도록 하는 것이 좋다. 한편 이 시기에 웨트 푸드를 계속 밖에 두면 부패할 우려가 높으므로 주의하자.

 가을

사람과 마찬가지로 무더위 끝에 기력이 쇠하기 쉬운 시기이므로 신경 써서 살펴주자. 기온 변화가 심해지므로 고양이의 행동반경 안에 따뜻한 장소와 서늘한 장소를 마련해주면 좋다. 서늘해지면 식욕이 왕성해지는 고양이도 있다. 본능에 따른 것이지만 집고양이의 경우는 비만에 유의하자.

 겨울

추위는 고양이의 큰 적이다. 모포 등으로 추위를 피할 수 있게 해주자. 한편 난방이 너무 세면 탈수 증상이 오는 등 컨디션이 나빠지는 고양이도 있다. 난방이 세지 않은 장소로 왔다 갔다 할 수 있도록 해주면 좋다. 간혹 추위가 싫어서 화장실에 가는 빈도가 줄어드는 경우도 있다. 상황을 봐서 화장실의 위치를 바꿔주고, 운동 부족이 되지 않도록 많이 놀아주자.

고양이의 임신은 계획적으로

낳는다? 안 낳는다? 결정은 주인의 몫

6개월 이내에 계획을 세워서 낳지 않을 생각이면 수술을

고양이는 임신율이 매우 높은 종이므로 번식시킬 생각이 없다면 반드시 중성화 수술을 해주어야 한다. 수술은 보통 생후 6개월에서 1년 안에 실시한다. 수술을 받은 고양이는 스프레이 행동이 줄어들며, 비만에 걸리기 쉬운 특징이 있다. 수의사와 상담해서 수술의 장단점을 납득한 후 결정하자.

출산을 희망하는 경우엔 아는 사람의 고양이와 만나게 하거나 브리더에게 상담을 하는 방법이 있다. 브리더에게 부탁하는 경우는 교배료가 발생한다.

결정권은 암컷에게 있다

고양이의 경우 암컷이 발정하면 가까이에 있는 수컷도 발정한다. 임신(교미)의 결정권이 암컷에게 있다. 또 일조 시간이 길어지면 발정이 촉진되고 짧아지면 발정하지 않는 특성이 있어서 봄이나 해가 길어지는 여름철에 발정하는 고양이가 많다고 한다.

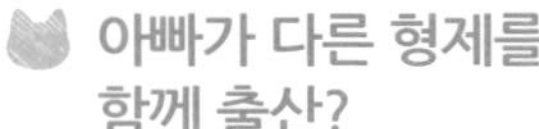

아빠가 다른 형제를 함께 출산?

암컷은 한 번의 발정기에 여러 마리의 수컷과 교미할 수 있다. 복수의 난자를 한 번에 배란하는 다태동물이기 때문에 복수의 수컷 새끼를 함께 임신하고 동시에 출산하는 것이 가능하다. 고양이 외에 토끼도 다태동물.

만에 하나 원하지 않는 임신에는

태어난 아기 고양이를 키울 수 없는 사정인 경우엔 가급적 빨리(태어나기 전부터) 인수인을 찾아 대책을 세우도록 하자. 그리고 출산 후엔 재빨리 중성화 수술을 해주자.

고양이의 일생과 주인의 사정을 고려해 라이프 플랜을 빨리 설계하자.

고양이의 출산과 육아

사랑스러운 아기 고양이와 함께하는 특별한 시간

어미 고양이가 안심할 수 있는 쾌적한 환경이 출산, 육아에 필수

고양이의 임신 기간은 약 9주간. 한 번 출산으로 평균 3~6마리의 새끼가 태어난다. 그동안 주인이 해야 할 일은 어미 고양이의 건강을 관리하고 안심하고 출산할 수 있는 환경을 준비하는 것이다. 출산을 사람이 따로 도울 필요는 거의 없다.

아기 고양이는 생후 6주째까지 고양이로 사는 데 필요한 기술을 어미에게 배운다. 주인은 고양이의 성장에 맞춘 아기 고양이용 사료를 주고, 길을 잃거나 사고 방지 대비책을 강구하는 등 안전한 육아를 지원한다.

❶ 발정

발정한 암컷은 응석을 부리거나 유달리 울음소리가 커지기도 한다. 발정기를 선택하는 것이나, 아버지가 될 고양이를 고르는 것은 암컷이다.

❷ 임신기(약 9주간)

초기에는 변화가 눈에 띄지 않아 임신을 확인하는 시기가 늦어지는 경우가 많다. 조금씩 배가 부르고 젖꼭지가 눈에 도드라진다. 식욕과 수면욕이 왕성해진다. 출산이 가까워지면 출산, 육아용으로 안락한 공간(침대나 상자 등)을 마련해주자.

❸ 출산・수유

기본적으로는 혼자 힘으로 출산한다. 수유를 하고 엉덩이를 핥아서 배설을 촉진하는 등 어미 고양이는 아주 바쁘다. 어미 고양이가 응석을 부리거나 무언가를 호소하는 듯한 태도를 보이지 않는 한 주인은 관여하지 말고 지켜봐주자.

❹ 육아

어미 고양이는 왕성하게 장난을 치는 아기 고양이에게 수유를 하면서 놀이나 식사법을 가르친다. 아기 고양이들이 자유롭게 돌아다니게 되면 주인과 함께 놀아도 좋다.

❺ 자립

입양할 사람이 있다 해도 2개월 정도는 어미 고양이와 함께 지낼 수 있게 해주자. 이 시기에 면역성과 사회성이 길러진다. 어미 고양이와 함께 있으면 아기 고양이는 내내 응석을 부린다. 개중에는 성장한 새끼 고양이를 쫓아내는 어미 고양이도 있다. 일반적으로 생후 6개월 정도면 독립적으로 생활할 수 있다.

새로운 가족이 생길 땐

초조해하지 말고 천천히 가족의 일원으로!

충분히 애정을 표현하고 상태 변화를 지켜보기

주인의 가족에게 변화가 생기면 고양이는 민감하게 알아챈다. 불안감으로 스트레스가 심해져서 날뛰거나 숨는 불상사가 발생하기도 한다. 예컨대 결혼 등으로 새로운 가족이 생긴다든지, 함께 사는 구성원이 늘어난다든지…. 이런 상황에선 미리 고양이에게 안면을 익히게 하고 조금씩 거리를 좁혀간다. 주인의 아기가 태어나는 변화도 고양이에게는 스트레스가 될 수 있다. 경계심을 품고 아기를 공격했다가는 큰일이다. 고양이와 접촉할 수 있는 시간을 만들어 안심할 수 있도록 해주자.

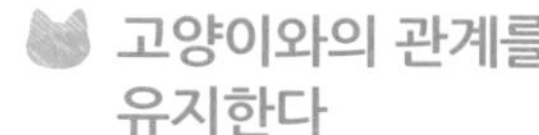

고양이와의 관계를 유지한다

새로운 가족에게 마음이 가서 고양이와의 접촉이 급격히 줄지 않도록 신경 써주자. 집에 돌아올 때나 일어날 때 고양이에게 말을 걸고 스킨십을 해준다. 생활 사이클이 급변해 소외감을 느끼지 않도록 한다.

적절한 거리를 두고 기다린다

새 가족 구성원이 고양이와 빨리 친해지고 싶은 의욕으로 무리하게 접촉하지 않도록 하자. 이쪽에서 애걸복걸 다가가지 말고 처음에는 무시하는 정도도 상관없다. 적절한 거리를 두면서 고양이 쪽에서 가까이 오는 것을 기다리도록 하자.

몰래 질투하는 일도 있다

노골적이지는 않지만 고양이는 몰래 가족의 모습을 지켜보고 있다. 응석받이 고양이라면 은연중에 질투하는 경우도 있다. 고양이가 가족의 변화에 익숙해질 때까지 소외감을 느끼지 않도록 신경 써주도록 하자.

MEMO

급격한 환경 변화에 주의하면서, 시간을 갖고 생활 속에서 자연스럽게 관계가 발전할 수 있도록 하자.

아이와 고양이의 행복한 동거

아이와 고양이 모두의 안전과 행복을 위하여

고양이에겐 너무 버거운 아이의 애정 표현

예나 지금이나 어린아이들은 고양이의 천적이다. 고양이의 기분은 아랑곳하지 않고 만지려고 하거나, 앞다리를 쭉 당겨 들어 올린다거나, 힘을 잔뜩 주어서 껴안기도 한다. 아이는 좋다는 표현이지만 고양이는 달갑지 않다.

고양이에게 너무 가까이 접근하는 것은 아이에게도 위험하다. 고양이가 싫어하는 데도 끈질기게 만지고 껴안다가 자칫 물릴 우려가 있다. 어른은 아이에게 올바른 지식을 가르쳐 고양이와 아이가 원만한 관계를 만들 수 있도록 하자.

'임신 중 고양이는 위험하다'는 소문

뿌리 깊게 이어지는 소문의 원인은 톡소플라스마라는 기생충이다. 고양이에게는 거의 영향이 없지만 매우 드물게 인간의 태아에 영향을 주는 경우가 있다. 감염률이 높지 않으므로 걱정하지 않아도 된다. 화장실을 청결하게 유지하고 청소 후 소독을 하면 감염을 막을 수 있다.

고양이와 아이, 모두 다 지킨다

기본적으로 고양이가 아기를 공격하는 일은 거의 없다. 다만 갑자기 큰 소리를 내거나 몸을 잡거나 하면 깜짝 놀라 방어적으로 발톱을 세우거나 이를 드러낼 수 있다. 그러므로 만일의 문제를 예방하는 차원에서 같은 공간에 아이와 고양이 둘만 방치하는 일이 없도록 주의한다.

동물과 함께 사는 의미

동물과 함께 살면 정서가 풍부해지고 배려하는 마음을 키우게 된다. 말을 하지 못하는 상대의 행동을 보고 기분을 살핀다든지, 작아도 열심히 사는 모습을 통해 깨달음을 얻는다든지, 사람보다 훨씬 뛰어난 능력에 대해서는 인정하고 존중하는 등 순수한 아이들이 다양한 세상을 가까이 느끼고 이해하게 될 것이다.

MEMO

애묘는 아이에게 형제이고 스승이며 첫 번째 친구가 되는 존재다.

고양이와 함께할 수 있는 시간은 눈 깜짝할 새

생애 단계별 고양이의 변화

오래 함께할 수 있도록 연령별 맞춤 케어를!

고양이의 성장 속도는 인간보다 빠르고 고양이의 1년은 인간의 약 4년에 해당한다.

아직 어리고 좌충우돌하는 활발한 시기엔 다치지 않도록 사고에 주의한다. 중년기부터는 서서히 운동 능력이 떨어지고 병에 걸리기도 쉽다. 11세 이후는 시니어용 푸드로 바꾸는 등 건강관리에 한층 신경 쓴다. 다행히 사료의 품질 향상, 동물 의료 진보 덕분에 집고양이의 평균수명이 늘고 있다. 전혀 밖에 나가지 않는 실내 사육이라면 약 15세, 최근에는 20년 가까이 사는 장수 고양이도 있다.

사람이라면 지금 몇 살?

일설에 따르면 인간의 연령으로 환산하면 고양이는 태어나서 2년에 24세, 그 후는 1년에 4세 정도로 나이를 먹는다고 한다.

질병이 의심되는 체크리스트

고양이의 이상 행동엔 이유가 있다

고양이를 도울 수 있는 존재는 오직 주인뿐

고양이는 몸이 좋지 않은 것을 잘 드러내지 않는 동물이다. 그렇기 때문에 고양이에게 눈에 띄는 어떤 변화가 나타났을 때는 병이 꽤 진행된 경우도 있다. 더불어 고령의 고양이는 신장이나 호르몬 계열의 질환에 걸리기 쉬운데, 이는 조기 발견과 치료를 통해 진행을 늦추거나 완치할 수 있다

고양이가 평소와 다른 모습을 보인다면 일단 주의해보자. 다음의 체크리스트를 통해 확인하고 의심스러우면 병원을 방문할 것.

 질병 징후 체크리스트

※ 리스트에 기재된 것은 어디까지나 대표적인 사례.
이런 증상을 보일 경우엔 혼자 판단하지 말고 동물병원을 찾아가 진단을 받아보자.

증상	의심
서늘한 장소로 간다	몸 컨디션 저하로 체온이 떨어졌는지 의심.
하루 이상 기운이 없다	큰 병의 가능성도 있으므로 계속되면 병원으로.
시선이 맞지 않는다	망막출혈 등 눈 질환 의심, 뇌 질환일 가능성도.
주위에 무관심	강한 통증을 느끼거나 병의 말기 증상일 수도. 뇌에 문제가 있는 경우도 있음.
호흡이 얕다 / 입으로 호흡	폐, 심장계 질병이나 갑상선기능항진증 의심. 흉수가 차 있을 가능성도 있음.
떨림 증상	간질과 뇌 질환, 중증 신장병, 간장 질환, 저혈당으로 유발되는 경우도 있음.
흰자위가 누렇다	간장 질환에 따른 황달 의심.
입의 통증 / 구취	치석, 치주 질환, 구내염 의심. 악성종양의 일종인 편평상피암인 경우도 있음.
구토가 잦다	췌장염, 갑상선기능항진증의 경우가 많고 위장에 종양이 생겼을 가능성도 있음.
배가 부풀어 있다	복수가 차 있는지 의심. 암으로 내장이 부은 경우도 있음.
밥을 먹지 않는다	큰 병의 가능성도 있기 때문에 계속되면 병원으로.
물을 너무 많이 마신다	신장병, 당뇨병, 갑상선기능항진증 등 의심.
소변의 횟수가 많다	방광염, 요로결석 의심.

연 2회 건강진단이 장수의 비결
평소 꾸준한 건강 체크

일상의 잦은 스킨십으로 조기 발견을

건강에 문제가 있다는 사인을 조기에 알아채려면 평소 스킨십을 통해 작은 변화도 놓치지 않는 습관을 갖는 것이 중요하다. 특히 신경 써야 할 항목은 체온, 체중, 심박수와 호흡수이다. 이런 목록을 평소 의식적으로 관리하면 수치로 변화를 감지할 수 있다.

고양이가 아직 젊을 때는 연 1회, 10세 이상은 2회 건강진단을 받자. 건강진단은 2가지 큰 이점이 있다. 하나는 질병의 조기 발견, 또 하나는 건강할 때 데이터를 미리 파악하는 것이다.

집에서 가능한 건강 체크

체온

귀로 측정할 수 있는 반려동물용 체온계가 가장 좋다. 실내에서 측정해 37.5~39℃라면 정상.

체중

주인이 고양이를 안고 체중계에 올라 측정한 수치에서 주인의 체중을 빼는 것으로 대략의 무게가 나온다. 갑자기 체중의 증감이 있을 때는 주의가 필요하다.

호흡수

고양이가 안정적인 상태에서 가슴이 위아래로 움직이는 것으로 측정한다. 1분간의 호흡수가 기준이 되므로 15초를 재서 4를 곱한다. 정상치는 1분에 24~42회.

심박수

고양이의 가슴 아래에 손을 대고 고동을 잰다. 15초간 잰 심박수를 4배로 해서 환산한다. 1분당 120~180이라면 정상치에 들어간다.

배설물 체크

대변의 경우 설사나 변비 여부를 포함해 냄새와 색도 확인. 소변도 마찬가지로 색, 냄새, 횟수, 양이 중요하다. 개체에 따라 차이는 있지만 소변은 하루에 2~4회 정도, 변은 1일 1회 정도가 정상.

식욕 · 물 섭취량

식사할 때의 섭취량과 식욕의 변화에 주의하자. 갑작스레 양이 폭주하는 경우 병원에서 검진을.

스킨십

고양이 몸을 만졌을 때 아파하지 않는지, 몸에 응어리가 없는지, 극단적인 탈모는 없는지 등 평소에 스킨십을 자주 하면서 확인한다.

노묘의 25%가 걸리는 신장병

발병 위험이 높으므로 주인의 보살핌이 중요하다

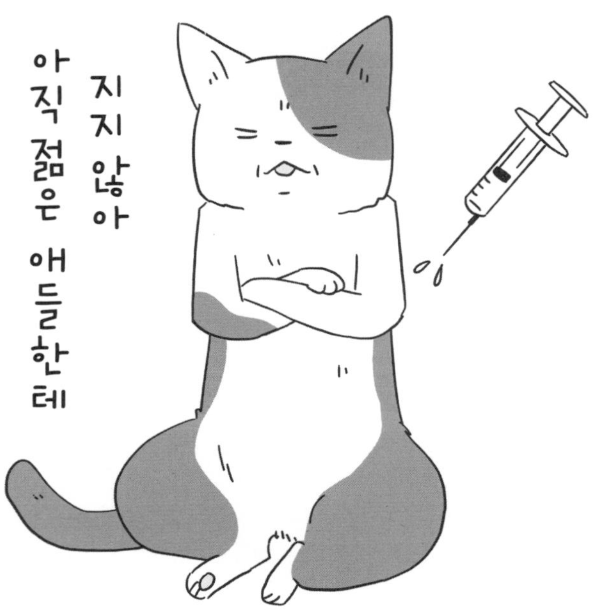

올바른 지식으로 예방과 경과 관찰을!

나이 많은 고양이의 사인으로 가장 높은 것이 '신장병'이다. 고양이는 진화 과정에서 오줌의 양을 제한하는 기능을 가지게 되었는데 고농도의 오줌을 생성하는 것은 신장에 대단히 부담을 주게 된다.

또 몸에 비해 신장이 작아 고양이는 유전적, 구조적으로 신장병의 위험이 높다고 할 수 있다. 소변의 양과 물 섭취량이 늘어나는 것이 일상적으로 나타나는 신장병의 초기 증상이지만 눈치채기 어려우므로 자주 검진을 받는 것이 중요하다.

좋아하는 물을 준비해준다

신장병을 치료하는 동안 집에서 가장 신경 써야 할 것이 고양이의 탈수 증상이다. 고양이마다 좋아하는 물이 있다. 미지근한 물, 차가운 물, 생수 등 고양이가 즐겨 마실 수 있도록 최우선으로 고려해서 준비해둔다.

염분이 많은 것은 절대 NG

사람의 미각에서 보면 아주 소량의 소금이라도 고양이에게는 매우 염도가 높다. 간을 하지 않은 생선회, 찐 닭고기를 주는 건 괜찮지만 간을 한 음식은 절대 피한다. 참치 캔 등도 의외로 염분이 높은 것이 있다.

왜 신장병에 잘 걸리나?

신장은 몸속 노폐물을 소변으로 외부에 배출하는 기관이다. 노폐물을 배출하는 데는 신장의 네프론이라는 구조물이 필요한데, 고양이는 신장의 크기에 비해서 네프론의 수가 적기 때문에 신장병에 걸리기 쉽다.

MEMO

신장의 기능이 떨어지는 병을 총칭해서 신장병이라고 한다. 혈액검사, 엑스레이, 소변검사를 통해 구체적인 병명을 알 수 있다.

노묘가 밤에 우는 것은 질병의 신호

몸이 아프다는 호소를 놓치고 있지는 않은가?

밤에 우는 특징을 알아두고 이상하다면 바로 병원으로

13세가 지난 노묘가 밤에 울어대면 뇌종양이나 고혈압, 치매 등 병을 앓고 있을 가능성이 있다. 일정한 리듬으로 짖는 듯한 큰 울음소리를 내거나, 한곳을 응시하면서 울거나, 발정기보다 낮은 울음소리를 내거나, 딱히 목적이 없는 경우도 있다.

물론 새끼 고양이도 드물게 밤에 울기도 하지만 이는 놀아달라는 요구가 대부분이다. 나이 든 고양이가 밤에 계속 울어대면 빨리 동물병원에서 진찰을 받고 원인을 찾아보는 것이 중요하다.

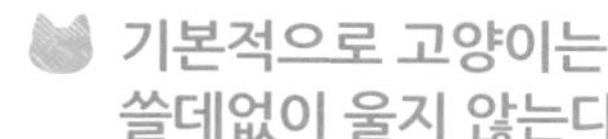

기본적으로 고양이는 쓸데없이 울지 않는다

고양이는 참을성이 많아서 다른 동물에 비해 좀처럼 울음소리로 무언가를 주장하는 일이 흔치 않다. 만약 고양이가 주인을 향해서 우는 일이 있다면 무언가를 희망하거나 요구가 있는 것이다. 배가 고프다, 화장실 청소를 해달라 등 고양이가 우는 원인이 무엇인지 찾아보자.

고양이는 밤에도 활발하다

밤에 우는 경우는 노묘에게 많고 새끼 고양이는 그리 일반적이지 않다. 새끼 고양이가 밤에 운다면 재롱부리거나 밤에 힘이 남아돌아서 놀고 싶을 때다. 울지 않도록 혼내도 소용이 없으므로 요구를 해소할 수 있도록 배려하는 편이 좋다.

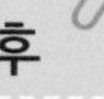

노묘가 울면서 호소하는 병의 징후

- 갑상선기능항진증
- 고혈압
- 뇌종양
- 치매

MEMO

고양이가 밤에 울어서 병원에 가는 경우엔 빈도, 울 때의 상태 등을 메모해두면 정확한 진단을 받는 데 도움이 된다.

괜찮을까? 고양이의 비만도 체크

고양이는 원래 잘록하고 날렵한 체형

고양이는
조금 뚱뚱해야
귀여우니까

갈비뼈 확인이 포인트, 병이 원인일 가능성도

살이 너무 찌면 당뇨병이나 요석증과 같은 병을 유발하기 쉬우므로 사랑하는 고양이의 비만도를 확실하게 체크하자.

몸을 만져도 지방 때문에 갈비뼈가 확인되지 않고 옆에서 봤을 때 배가 아래로 늘어져 있으면 비만의 사인이다. 눈대중으로 식사를 주지 말고 영양의 균형이 잡힌 사료를 선택하자. 또 아기 고양이, 성묘, 노묘는 연령별 단계에 따라 필요한 영양소, 적정량이 다르므로 수의사에게 상담하는 것도 좋다.

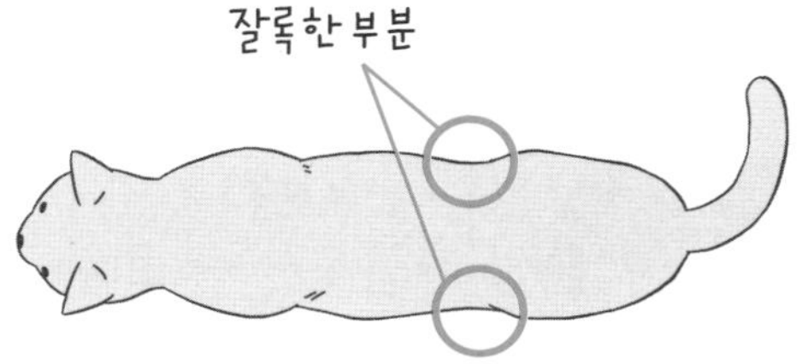

목표! 이상적인 체형

위에서 보면 갈비뼈 뒤쪽으로 잘록한 부분이 있는데, 이곳을 만져서 갈비뼈를 확인할 수 있는 상태가 이상적이다. 외형상 갈비뼈가 또렷하게 드러난다면 이는 너무 마른 것이다. 갈비뼈가 애매하거나 잘록한 부분이 없고 배가 밑으로 늘어져 있거나 하면 비만의 사인이다. 배만 부풀어 보이는 경우는 임신이나 병이 걸린 경우도 있다.

비만은 백해무익

비만이 여러 질병의 원인이 되는 것은 인간과 마찬가지다. 생후 1년 이상의 고양이가 1년에 1kg 이상 찌면 주의할 필요가 있다. 반대로 급하게 체중이 줄어들거나 식욕이 있는데도 마르는 경우도 건강 이상을 의심해볼 수 있다. 먹는 양보다 주는 양을 관리하자.

비만으로 인한 주요 질병

요로결석

물을 마시지 않는다, 화장실에 가는 횟수가 적다, 비만이다 등은 요로결석의 주요 원인으로 볼 수 있다.

피부염

스스로 털 다듬기를 하지 못하는 부위가 늘어나면 불결해지고 피부염을 일으키기도 한다.

당뇨병

인슐린 저항성이 상승해서 혈당치가 올라가는 일도 생긴다.

관절염

인간과 마찬가지로 과체중을 계속 지탱하느라 관절에 부담이 커진다.

다이어트는 주인과 공동 협업

조급해하지 말고 조금씩 적정 체중을 목표로

고양이의 항의에 흔들리지 말고 철저하게 식사 조절

앞 페이지의 비만도 체크로 과체중이 의심되는 경우엔 하루바삐 다이어트에 돌입하는 것이 좋다. 집고양이는 운동량을 갑자기 늘리기가 어려우므로 식사를 컨트롤해서 감량하는 방법이 기본이다.

먼저 사료의 적정량을 재서 규칙적인 시간에 준다. 이때 필수영양소가 부족하지 않도록 다이어트용 사료를 선택할 것을 추천한다. 여러 마리를 기르는 경우에는 그릇을 나누고 남긴 사료는 바로 정리해서 이후에 절제하지 못하고 계속 먹지 않도록 해야 한다.

최선책은 예방

비만 고양이의 체중을 줄이기 위해서는 고양이와 주인 모두 큰 인내가 필요하다. 다이어트의 필요성을 모르는 고양이는 식사나 간식을 줄여버리거나 좋아하지 않는 음식을 강제로 먹이려고 하면 스트레스를 받는다. 그러므로 예방이 최우선이고, 아직 심하지 않을 때 재빨리 대책을 세우는 것이 현명하다.

강한 의지로 관철

야생동물에게 굶주림은 커다란 공포다. 본능적으로 동물은 칼로리가 높은 음식을 좋아해서 다이어트 사료에는 입도 대지 않는 고양이도 적지 않다. 고양이가 24시간을 넘겨도 먹지 않을 때는 다른 메이커의 사료로 바꿔보는 등 변화를 준다.

고양이의 항의에 대항하기 위해서는

"이 음식은 싫어" "밥 좀 더 줘!"라는 고양이의 격한 어필이 계속되면 주인도 부담이 된다. 고양이의 끈기에 질릴 것 같으면 아예 외출하는 것도 하나의 방법이다. 이런 패턴이 반복되면 고양이도 포기하게 될 것이다.

비만은 집고양이 특유의 증상이다.
주인이 책임감을 갖고 예방하자.

수고양이의 중성화 수술

문제 행동이 줄어든다

결정할 때는 다각적 판단을, 실행은 계획적으로

수고양이의 스프레이와 자기 영역 싸움은 중성화 수술로 확실히 줄어든다. 생후 반년 이상 지나 체중이 2.5kg을 넘으면 수술이 가능하다. 가격은 10만원~20만원대로 병원에 따라 차이가 있으며, 대부분의 경우 수술 당일에 집으로 돌아올 수 있다.

수술 후에는 성격이 온화해지는 경향이 있는 반면 살찌기 쉬우므로 주의하자. 또 수컷은 3세 정도가 되면 본격적으로 얼굴 골격이 생겨나므로 그 후에 수술을 하면 가로가 넓은 수컷의 용모가 남게 된다.

입원하지 않고도 가능한 중성화 수술

수컷의 중성화 수술은 일반적으로 입원하지 않고 당일에 돌아올 수 있다. 예약할 때는 수술 전후의 주의 사항이 있으므로 반드시 지킬 것. 전날부터 금식하는 일이 많아서 여러 마리를 기르는 경우에는 특별히 신경을 써주자. 간단한 수술이라고 해도 고양이의 심신에는 큰 부담이 된다. 수술 전후엔 고양이의 상태에 충분히 신경을 써주어야 한다.

빨리 하는 게 좋아요

거세 수술은 생후 6개월이 지나 고양이의 체력과 몸 상태를 보고 결정한다. 고양이는 한 번 마킹을 경험하고 나면 수술 후에도 습관이 남는 경향이 있으니 일단 결심했다면 빨리 하는 것을 추천한다.

수컷 중성화의 장점

스트레스 경감

스트레스의 근원인 성적인 욕구불만이 해소된다. 다만 칼로리 소비량도 줄어 살이 찌기 쉽다.

질병 예방

정소나 전립선 관련 질병의 위험이 줄어든다.

문제 행동 감소

마킹, 발정기의 울음소리, 고양이끼리의 싸움 등이 억제되는 경향이 있다.

장수

질병이나 가출 위험, 스트레스가 경감해 결과적으로 장수한다.

암고양이의 중성화 수술

임신율 100% 이거 진실?

임신도 피임 수술도 계획적으로

암고양이가 피임 수술을 하면 난소, 자궁 관련 질병과 유선종양의 위험이 줄어들고, 발정기 특유의 행동도 사라진다. 다만 수술 자체가 개복을 하는 것이라 수컷보다 수술 비용이 많이 들며, 경우에 따라서는 하루 정도 입원을 권하기도 한다. 수컷과 마찬가지로 중성화 수술 후에는 정서적으로 안정되고 장수하지만 체중이 늘기 쉬운 것은 단점이다. 고양이는 인간과 달리 교미 후에 배란이 일어나므로 임신율이 거의 100%다. 한 번의 임신으로 3~6마리의 새끼를 낳으므로 계획성이 중요하다.

발정기에 접어들면…

보통은 내지 않는 특별한 큰 소리를 내거나 바닥에 구르면서 몸을 비비거나 끈질기게 재롱을 부리곤 한다. 개체에 따라 차이가 있지만 처음에 이런 모습을 본 주인이 놀랄 정도로 평소와 다른 행동을 보인다. 바깥에 흥미를 보이지 않던 고양이가 갑자기 탈주하려고 애쓰는 경우도 있다.

수술 후 회복에 관심을

교배한 적이 없는 암고양이는 나이가 들어 유선종양이나 난소종양 등 생식기 계열에 문제가 생길 확률이 높다. 개복 수술이므로 수의사가 지시한 수술 전후의 유의 사항을 엄수해야 한다. 수술은 고양이에게 심신 모두 큰 부담이 되므로 한동안 고양이의 상태를 유의해서 잘 살피자. 밥을 잘 챙겨 먹는지 확인하고 배려한다.

중성화 수술의 장점

스트레스 경감

스트레스의 근원인 성적인 욕구불만이 해결된다. 단, 칼로리 소비량도 줄어들어 살이 찌기 쉽다.

질병 예방

유방암 위험 감소, 자궁까지 적출하는 수술이라면 자궁 계열 질병도 예방.

원치 않는 임신 방지

1년간 살처분되는 고양이가 약 8만 마리나 된다.(2014년 기준) 불행한 고양이를 감소시키기 위해 불가피하다.

장수

질병이나 가출의 위험, 스트레스 경감 등이 결과적으로 장수로 이어진다.

동물병원 선택 포인트

고양이와 주인, 수의사가 얼마나 잘 맞는지가 관건

고양이에게 맞는 병원 선택이 무엇보다 중요

단골로 찾는 주치의가 있으면 평소 애묘의 건강도 챙기고 주인도 안심할 수 있다. 병원 내 청결, 합리적 요금 체계뿐 아니라 고양이와 주치의가 성격이 잘 맞는지 등을 살펴보면서 동물병원을 고른다. 국제고양이의학회에서 선정하는 고양이에게 친화적인 병원의 국제 기준 규격인 '고양이 친화 병원Cat Friendly Clinic'의 인증을 받았는지도 판단 기준이 된다. 의사의 특별한 지시가 있기 전에 이동 가방에서 고양이를 꺼내지 말 것. 주인과 고양이 모두 다른 동물과 접촉하지 않도록 하자.

지금 체크해보자!

병원 선택의 포인트

- ☐ 통원하기 쉬운 장소에 있다. 왕진이 가능한 거리
- ☐ 대기실, 진찰실이 늘 청결하다
- ☐ 주인의 질문에 정성껏 대답해준다
- ☐ 사전에 치료, 검사에 드는 비용을 알려준다
- ☐ 고양이에 대한 지식이 풍부하고 고양이를 세심하게 다룬다
- ☐ 진료비 명세를 쉽게 알아볼 수 있다
- ☐ 다른 의견에도 관심을 기울여준다
- ☐ 고양이가 긴장하지 않는 수의사가 있다

품종에 따라 더 위험한 질병이 있다

같은 혈통을 교배하기 때문에 질병 체질도 유전된다

고양이 품종에 따라 걸리기 쉬운 질병도 제각각

고양이는 품종에 따라 성격도 다르고 유전되기 쉬운 병도 다르다. 고양이의 선천성 질병에 관한 연구는 많이 축적되지 않았으나 참고하는 차원에서 상식으로 알아두면 좋을 듯하다.

예를 들어 대형묘인 메인쿤, 래그돌은 비대성 심근증에 걸리기 쉽고, 소형묘인 싱가퓨라는 중증의 빈혈을 일으키는 피루브산키나아제 결핍증 등에 주의가 필요하다.

함께 살고 싶은 품종이 있는 경우에는 성격과 함께 어떤 병에 걸리기 쉬운지를 살펴보자.

순혈종이 걸리기 쉬운 질병

 **메인쿤**

심장병(비대성 심근증)

 **아메리칸 쇼트헤어**

심장병(비대성 심근증)

 **아비시니안**

혈액병, 간장병, 피부 질환

 **페르시안**

신장병, 눈병, 피부 질환

 **노르웨이숲 고양이**

당원병

 **싱가퓨라**

피루브산키나아제 결핍증

 **스코티시폴드**

골연골 이형성증, 심장병(비대성 심근증)

 **러시안블루**

말초신경장애

래그돌

심장병(비대성 심근증)

올바른 지식으로 고양이의 건강을 지켜주자

고양이 질병 리스트

접종 가능한 백신

정기적인 백신 접종으로 질병을 미연에 방지하자

고양이 에이즈 바이러스 감염증, 고양이 백혈병 바이러스 감염증 등 일부 전염병은 백신으로 예방 가능한 것이 몇 종류 있다. 생후 2개월, 3개월에 접종한 뒤에는 매년 1회 백신 접종을 해주어야 한다.

전적으로 실내에서 키우고 있다 해도 주인이 외부에서 들여온 병원체에 의해 감염되는 일이 있다. 또 감염증 외에 방광염, 신장병 등의 비뇨기계, 소화기계의 질병도 고양이에게 많다. 평소 배변 상태나 구토 등에 특히 신경을 써주자.

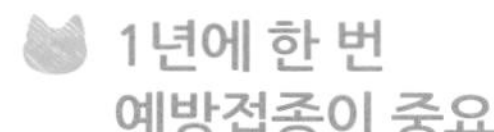

1년에 한 번 예방접종이 중요

인간과 달리 어릴 때 백신을 맞았어도 평생 안심할 수는 없다. 고양이가 적절한 면역력을 유지하기 위해서는 1년에 1회 추가 접종이 필요하다.

벼룩, 진드기도 요주의

밖에 나갈 기회가 있는 집고양이는 벼룩과 진드기에 감염되는 경우가 있다. 또 철저하게 실내 사육을 해도 저층에 사는 경우는 방충망 틈 등으로 벼룩이 침입해 들어올 수 있다. 벼룩은 한번 감염되면 재발하기 쉬우므로 사전에 철저히 예방하자.

뽀뽀는 NG

집고양이가 너무 사랑스러운 나머지 입을 맞추는 사진을 인터넷 등에서 꽤 볼 수 있다. 그러나 실내에 사는 고양이에게도 인간에게 감염시키는 세균이 잠복해 있다. 파스튜렐라 감염이 그 대표적인 예다. 폐렴으로 발전하는 경우도 있으므로 주의하자.

MEMO

고양이의 예방 의학은 날로 발전하고 있다.
올바른 지식을 얻기 위해서도 정기적인 검진과 예방접종을!

병원 선택의 포인트 시트

고양이 면역 부전 바이러스 감염증(고양이 에이즈)	고양이 전염성 복막염
고양이끼리 싸워서 생기는 상처로 감염된다. 증상이 나타나면 완치가 어렵다. 간혹 증상이 없는 경우도 있다. 증상: 면역 기능 저하, 만성 구내염 예방: 백신 접종, 철저한 완전 실내 사육	치사율이 높은 바이러스성 질병. 복막염, 흉막염을 일으킨다. 증상: 배에 물이 참, 식욕부진, 설사 예방: 백신 접종
고양이 백혈병 바이러스 감염증	**기관지염 · 폐렴**
감염된 고양이의 타액에 감염되거나 어미 고양이의 배 속에서 감염되는 경우도 있다. 증상: 식욕부진, 발열, 설사 예방: 백신 접종, 철저한 완전 실내 사육	감기 악화가 원인이다. 진행이 빠르기 때문에 조기 발견이 중요하다 증상: 기침, 발열, 호흡곤란 예방: 백신 접종
고양이 전염성 비기관지염	**유선종양**
감염된 고양이와 직접 접촉, 공기 중에 흩날리는 타액 등에 감염된다. 증상: 재채기, 콧물, 발열, 결막염 등 예방: 백신 접종	이른바 유방암. 고령의 암고양이에게 많으며 폐 등에 전이되기 쉽다. 증상: 흉부의 멍울. 유두에서 노란 액체가 나온다. 예방: 피임 치료를 일찍 받는다
고양이 범백혈구 감소증	**당뇨병**
감염된 고양이와 접촉해서 감염, 치사율이 높은 바이러스성 질병 증상: 발열, 구토, 혈변 등 예방: 백신 접종	혈당치가 높아지고 음수량이 급증한다. 비만인 고양이가 걸리기 쉽다. 증상: 식사량 · 음수량 증가, 체중 감소 예방: 식사 관리와 운동 부족 해소
고양이 칼리시 바이러스 감염증	**갑상선기능항진증**
인간에게는 옮지 않는 고양이 특유의 감기의 일종 증상: 눈곱, 침 흘림, 재채기, 구내염 등 예방: 백신 접종	갑상선호르몬이 비정상적으로 분비되어 에너지를 대량으로 소비하는 병. 증상: 식욕 증가, 거동 불안정, 공격적이 됨 예방: 증상 확인 후 조기 발견
고양이 클라미디아 감염증	**방광결석**
감염된 고양이와 접촉해 감염된다. 조기 치료로 낫는 경우가 많다. 증상: 눈곱, 결막염, 재채기, 기침 예방: 백신 접종	방광 내 결석이 생기는 병, 결석이 점막을 자극해 방광염을 일으킨다. 증상: 혈뇨, 빈뇨 예방: 물을 자주 마실 수 있는 환경을 만든다. 요로결석용 사료로 교체한다.

제 5 장
알아두면 쓸모 있는 고양이 잡학 사전

여기, 여기

5분 후
체력의 한계
안 움직인다냥

좀 더!!
도라키치,
힘이
남아도는구나
…
헉헉
헉헉

냐아아아
아아앙
야성이
넘치고
있어

어흥
과연
고양잇과
동물이야
하,
지쳤다

도라키치보다
호랑이 느낌이 더 강하네
이것이
도라키치의
선조
리비아고양이
?

항상 강아지풀만 가지고 놀지만
똑같은 것이라 도라키치도 질리겠지
내가
질리기 시작했어
집에 있는 물건으로 간단하게 만들 수 있는 고양이 장난감이 꽤 있네…!
오!
좋았어!
만들어보자
새로운 장난감 많이 생겼어—!
냐—!!

도라키치는 그게 마음에 들었구나

낡은 양말로 만든 장난감

그것 말고 이런 것도 있단다

흥

흥

무시

……

여기 봐봐

……

너무 냄새를 좋아하는 거 아냐…?

주인 < 양말

킁 킁 킁 킁 킁 킁 킁

킁 킁

헤~

이 표정 인터넷에서 본 적 있어

앗!

……

크앙—

플레멘
반응이라고
하지
하나같이
웃긴 얼굴이 돼
킁킁
킁킁
킁킁
킁킁
크앙 ―
킁킁
킁킁
킁킁

SNS에
올려야지
도라키치도
표정 좋은데
헤 ―
찰칵 ―

도라키치는
귀여우니까
스타 고양이가
될지도…
쿡쿡쿡…
이
장난감도
꽤 좋다냥~

지금도 남아 있는 고양이의 습성
선조는 사막에서 태어난 리비아고양이

인간과의 공존 끝에 오늘날의 '집고양이'로

현재 우리와 함께 살고 있는 '집고양이'의 선조는 아프리카 북부 등 주로 반사막지대 등에 살고 있는 야생 고양이 '리비아고양이'라고 한다. 고대 이집트에서 리비아고양이를 가축으로 기르면서 인간과 함께 생활하는 순응성을 익히게 되었다. 곡물이 풍족한 인간의 마을에는 고양이의 먹이인 들쥐가 많아 살아가는 데 더할 나위 없었다. 안정적인 환경에서 개체 수가 늘어가면서 집고양이라는 새로운 종이 탄생한 것이다. 9500년 전 인간의 유해와 나란히 묻힌 고양이가 발견되기도 했다.

아하! 납득되는 고양이의 습성

리비아고양이는 들쥐나 들새 등 작은 동물을 사냥하는 데 필요한 뛰어난 신체 능력을 가지고 있었다. 오늘날의 고양이도 여전히 높은 도약력, 어두운 곳에서도 발휘되는 우수한 시력 등의 특징을 공통적으로 보유하고 있다. 외부의 적으로부터 몸을 지키기 위해 좁은 나무 구멍 등을 좋아하는 것도 여전하다.

이집트에서는 여신으로

고대 이집트에서 사람과 함께 살게 된 리비아고양이. 시대가 흐르면서 이집트인은 고양이를 '바스테트'라는 여신으로 추앙하고 제사를 모셨다. 최근에는 세계 각지의 유적에서 고양이를 정중하게 장사 지냈다는 사실을 증명하는 사례가 발견되고 있다.

야생 고양이와 사람의 공존 관계

고대 이집트의 비옥한 나일강 주변은 광대한 곡창지대라 자연히 들쥐로 인한 피해로 고심했다. 이에 들쥐를 먹이로 삼는 리비아고양이의 효용성이 주목받으며 이집트인과 함께 살게 되었다.

MEMO

고대 이집트에서는 고양이 여신인 바스테트의 자매로서 사자의 여신 세크메트도 숭배 대상이었다.

아기 고양이의 눈 색깔 「키튼 블루」

태어나서 2~3개월 동안만 볼 수 있는 진귀한 색

눈 색깔이 성장하면서 어떻게 변할지 기대 만발!

생후 10일에서 2주 정도 된 아기 고양이의 눈을 보면 색깔이 회청색으로 신비한 분위기를 자아내는 것을 목격할 수 있다. 홍채에 멜라닌 색소가 아직 정착되지 않아 나타나는 색으로 일반적으로 '키튼 블루'라고 불린다.

다만 2개월 정도부터 홍채에 색소가 정착하기 시작하면 본래의 눈 색깔로 변해간다. 예를 들면 히말라얀과 같이 몸 끝부분의 일부 털색만 짙은 '포인티드Pointed' 계열의 품종은 유전자의 영향으로 성장하면서 '키튼 블루'에서 '블루'로 눈 색깔이 변화한다.

고양이 혈액형은 지역에 따라 다르다?

미국 동해안 쪽의 고양이는 모두 A형이라는 조사 결과도

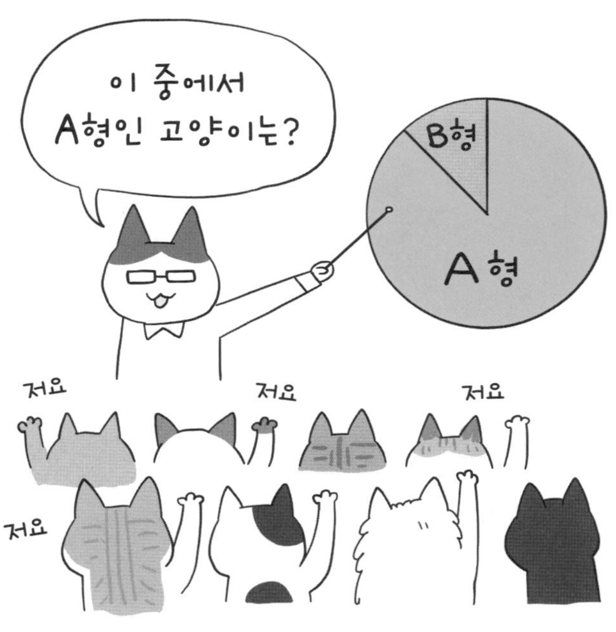

품종과 지역으로 거의 결정된다

고양이의 혈액형은 A형과 B형이 대부분이고 매우 드물게 AB형이 존재한다. 그런데 재미있는 것은 고양이의 혈액형이 품종과 사는 국가에 따라 크게 영향을 받는다는 것이다. 이탈리아에서 발표한 한 연구 결과에 따르면 일본은 A형이 많고 미국은 거의 대부분 A형, 영국과 호주는 B형의 비율이 조금 더 많다고 한다. 품종의 경우는 아메리칸쇼트헤어와 샴고양이는 거의 모두 A형, 브리티시쇼트헤어는 B형이 많다고 한다. 수혈 시에는 반드시 혈액형을 미리 확인해보자.

수컷 삼색묘는 귀하신 몸?!

수컷 삼색묘는 예나 지금이나 기적

진짜는 평생 한 번 볼까 말까 할 정도

흰색 바탕에 갈색과 검은색이 3색으로 어우러져 있는 고양이를 흔히 주변에서 볼 수 있다. 그런데 이 '삼색묘'는 대부분이 암컷이라는 사실을 알고 있는지? 실은 삼색묘의 유전자 염색체에는 X가 2개 필요하지만 수컷 염색체는 XY로 X가 1개밖에 없다. 한편 암컷의 염색체는 XX로 X가 2개 있기 때문에 필연적으로 삼색묘는 암컷이다. 극히 드물게 유전자 이상으로 수컷의 삼색묘가 탄생하는 일이 있지만 그 확률은 수천분의 1이라 극히 희귀하다. 희귀성 때문에 일본에서는 수컷 삼색묘를 행운의 상징으로 여겨왔다.

소원을 빌 때 수컷 삼색묘

대단히 귀하게 태어나는 수컷 삼색묘는 매우 재수가 좋은 동물로 여겨 항해의 안전을 비는 선원에게 인기가 있었다. 고액으로 거래되던 시대도 있었다고 한다.

남극 월동대의 수호신

1956년에 파견된 남극 월동대에 '다케시'라는 이름의 수컷 삼색묘 한 마리가 동반했다. 남극에서 엄혹한 겨울을 보내며 시련을 무사히 넘길 수 있도록 신에게 발원하는 마음으로 개, 카나리아와 함께 배에 태웠다. 정말 다케시의 기운 덕분인지 장하게도 임무를 성공적으로 수행할 수 있었다.

내가
단명한다고…!?

생식 기능이 약한 문제도…

염색체 이상으로 태어난 수컷 삼색묘는 생식 기능이 보통 수컷에 비해 많이 약하다. 돌연변이로 태어난 극소종이라는 특징 때문인지 병약하거나 단명한다고 여기는 경향도 있다. 하지만 다른 고양이에 비교할 때 수명에는 큰 차이는 없어서 일률적으로 그렇게 말할 수는 없을 듯하다.

MEMO

다케시가 남극에 내린 뒤 돌아가는 배가 좌초하고 만다. 정말 삼색묘는 운이 좋았던 것일까?

웃지 않는 고양이를 보고 웃어보자

정말 웃는 얼굴일까? 「플레멘 반응」

딱히 웃고 있는 건 아니다냥

특징적인 냄새를 맡았을 때 얼굴에 나타난다

고양이가 냄새를 맡은 뒤 입을 반쯤 벌리고 웃는 듯한, 또는 놀란 듯한 표정을 지을 때가 있다. 이것은 입천장에 있는 야콥슨 기관을 통해 주로 페로몬의 성분을 감지하려고 하는 '플레멘 반응'이라고 한다. 고양이는 코만이 아니라 입으로도 냄새를 맡을 수 있다. 입안의 야콥슨 기관을 공기에 노출해 좀 더 많은 냄새를 채집하는 것인데, 그 미묘한 표정이 때로 '웃는 얼굴'로 보여 우리를 미소 짓게 만든다. 인터넷에서 플레멘 반응을 보이는 고양이 동영상이 인기를 끌기도.

고양이는 냄새나는 물건을 좋아해?

플레멘 반응은 고양이가 페로몬을 느낄 때 보이는 반응이다. 페로몬을 느끼는 물건은 고양이마다 다르지만, 대표적인 예로 많이 회자되는 것이 주인의 오래된 양말이다. 발 냄새를 맡고 기쁜 듯한 표정을 짓는 건 아무래도 불가사의하다.

고양이 이외에도…!

플레멘 반응은 고양이만 보이는 것이 아니다. 소와 말, 산양도 같은 반응을 볼 수 있다. 특히 말의 플레멘 반응은 특징적이어서 상대를 도발하는 듯 잇몸을 보이며 히죽 웃는다. 동물원에서 이 모습을 보았다면 운이 좋은 것일 수도.

상황에 따라 제각각

플레멘 반응은 보다 면밀하게 페로몬을 감지하기 위해 발생하는 반응으로, 고양이는 페로몬을 통해 얻는 상대의 정보를 매우 중요하게 여긴다. 자신이 알고 있는 고양이인지, 성별은 무엇인지, 상황에 따라 얼굴의 의미도 다양하다.

MEMO

고양이는 웃는 듯한 얼굴이 되지만
사자의 플레멘 반응은 찌푸린 표정으로 나타난다.

우리 집에 스타 고양이가 산다!

고양이의 개성은 곧 훌륭한 재능

고양이와의 추억을 여럿이 함께 공유한다

우리 집 애굣덩어리 고양이의 매력을 알리고 싶어서 사진이나 동영상을 블로그, SNS에 올리는 사람들이 대단히 많다. 그중에는 간혹 큰 화제를 불러 모아 사진집으로 출간될 정도로 인기를 얻은 고양이도 있다.

요사이 큰 유명세를 타고 있는 한 스타 고양이의 경우는 주인이 블로그에 성장 일기를 쓴 것이 계기가 되어 큰 인기를 끌며 캘린더와 사진집까지 발매되었다. 별생각 없이 일상의 장면을 포착해 추억으로 기록한 것이 스타 고양이를 탄생시킨 것이다.

먼저 카메라에 익숙해지도록

그러지 않아도 눈 맞추는 걸 좋아하지 않는 고양이에게 커다란 렌즈가 달려 있는 카메라를 바짝 들이댄다면 무서워하는 것이 당연하다. 우선 평소 카메라를 가까이 두고 고양이가 익숙해질 수 있도록 하자. 고양이가 거부감을 갖지 않으면 소중한 일상의 장면을 놓치지 않고 재빨리 잡아낼 수 있다.

자랑거리인 고양이 사진 올리기

지금은 인터넷 서비스가 보급되어 쉽게 고양이의 정보를 나눌 수 있다. 트위터나 인스타그램 등의 SNS에 고양이의 사진을 올리면 고양이를 좋아하는 사람들과 정보를 공유하며 유대를 돈독히 하게 된다.

같은 관심사로 친구가 늘어난다

SNS에 고양이에 관한 글이나 사진을 올리면 저절로 고양이를 좋아하는 사람들과의 관계가 넓어진다. 사랑하는 고양이가 많은 사람들에게 인기를 얻는 것도 즐겁고 주인들이 올린 풍부한 정보 덕분에 공부도 많이 된다.

아기 고양이 때부터 추억은 평생 간다.
가능한 한 많은 추억을 사진으로 남겨두자.

고양이가 좋아하는 장난감 만들기

고양이는 호기심이 유달리 많다. 똑같은 것에는 쉽게 질리는 성격이라 항상 새로운 놀이를 원한다. 누구나 손쉽게 만드는 장난감을 소개한다. 새 장난감에 신이 난 고양이의 모습을 볼 수 있다.

티슈 케이스 + 비닐봉지

다 쓴 티슈 케이스에 둥글게 뭉친 비닐봉지 등을 넣고 내용물이 나오지 않을 정도의 구멍을 상자에 뚫는다. 안에서 빠삭빠삭 소리가 나면 신경이 쓰여서 고양이가 호기심을 보인다.

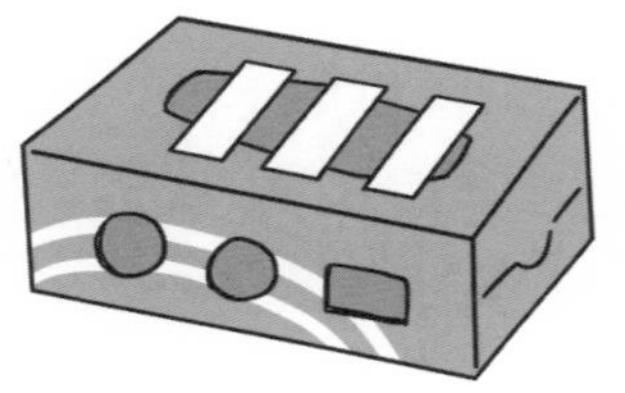

알루미늄포일 + 끈

둥글게 뭉친 알루미늄포일을 끈으로 잇기만 하면 되는 초간단 장난감. 신기하게도 모든 고양이에게 인기가 있다.

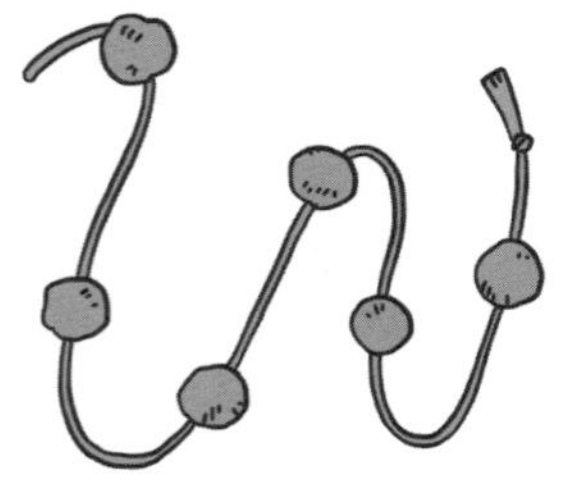

세탁물 바구니 + 알루미늄포일 + 비닐봉지

세탁물을 넣는 부드러운 망사 바구니에 둥글게 만든 알루미늄포일, 비닐봉지를 넣는다. 가볍게 흔들면서 안을 보여주면 이미 고양이는 사냥꾼의 눈매가 되어 있을 것이다.

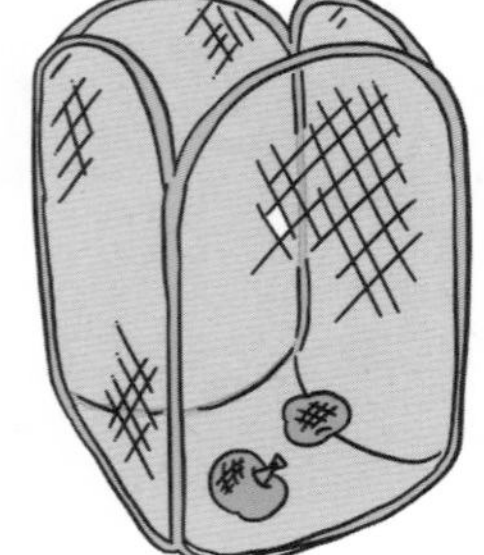

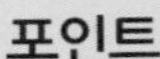

포인트

손으로 만든 장난감은 시판하는 상품에 비해 내구성이 약하다. 자칫 고양이가 삼키는 불상사를 방지하기 위해 노는 모습을 주인이 잘 지켜봐주고, 최대한 튼튼하게 만들도록 한다.

낡은 양말 + 비닐봉투

낡은 양말 안에 둥글게 만 비닐봉투를 넣은 후에 비닐봉투가 밖으로 나오지 않도록 단단히 위를 묶으면 끝. 물었을 때 바스락바스락 소리가 나므로 흥미로워한다.

화장실 휴지 심 + 종

화장실 휴지 심 하나만 있어도 굴리면서 잘 놀지만 안에 종 같은 것을 넣어서 양 끝을 단단히 막아주면 한층 업그레이드된다. 잘못해서 먹을 걱정 없이 잘 놀 수 있다.

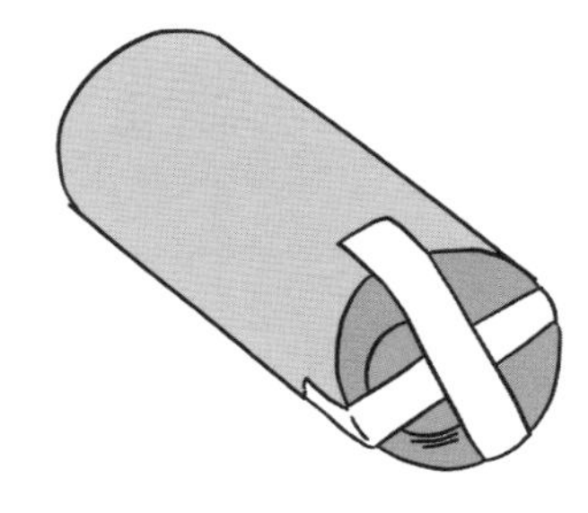

페트병 + 종

페트병이나 큰 캡슐에 종을 넣어서 입구를 막으면 고양이가 계속 쫓아다닌다. 캡슐은 자칫 삼키지 않도록 커다란 것으로 골라주자.

손수건 + 끈

손수건이나 작은 타월의 중앙을 끈으로 묶어서 쥐처럼 보이도록 열심히 당기면 바로 사냥놀이가 시작된다!

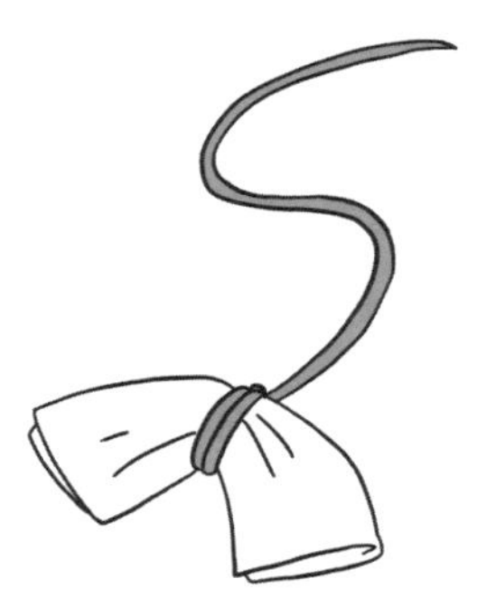

마치며

고양이의 작은 몸에는 많은 비밀이 숨어 있습니다. 오감이나 운동 능력 등 어떤 면에서는 인간을 훨씬 능가하기도 합니다. 옛날부터 고양이는 개에 비해서 무엇을 생각하고 있는지 속을 알기 힘들다고 합니다.

하지만 조심스럽고 소극적이기는 해도 고양이 역시 우리에게 자신의 기분을 전하려고 노력합니다. 이 책에서는 고양이의 숨겨진 '힘'과 겉으로 드러내지 않는 '마음'을 충분히 전달하기 위해 노력하였습니다. 고양이의 비밀을 알고 나면 누구나 한층 더 그 매력의 포로가 되고 말지요.

고양이와 함께 생활하는 가운데 친밀하게 접촉하고 고양이의 몸과 마음을 잘 이해하는 것이 매우 중요합니다. 그래야 병도 조기에 발견할 수 있고 고양이와 주인 모두 쾌적하고 건강하게 함께 생활할 수 있으니까요.

이 책이 보다 행복하게 생활하는 데 도움이 된다면 더할 나위 없이 기쁠 것입니다.

마지막으로 저와 함께 생활하면서 많은 깨달음을 준 사랑하는 고양이들(우냐, Puma, Queen, Night), 진찰하면서 만난 모든 고양이에게 감사의 말을 전합니다.

고양이를 제대로 이해하는 법

고양이는 처음이라

초판 1쇄 발행 2018년 2월 10일
초판 4쇄 발행 2021년 12월 12일

지은이 핫토리 유키
옮긴이 박현정
펴낸이 명혜정
펴낸곳 도서출판 이아소
디자인 황경성
교 정 정수완

등록번호 제311-2004-00014호
등록일자 2004년 4월 22일
주소 04002 서울시 마포구 월드컵북로5나길 18 1012호
전화 (02)337-0446 **팩스** (02)337-0402

책값은 뒤표지에 있습니다.
ISBN 979-11-87113-20-1 13490

도서출판 이아소는 독자 여러분의 의견을 소중하게 생각합니다.
E-mail: iasobook@gmail.com

이 도서의 국립중앙도서관 출판예정도서목록(CIP)은 서지정보유통지원시스템 홈페이지
(seoji.nl.go.kr)와 국가자료공동목록시스템(nl.go.kr/kolisnet)에서
이용하실 수 있습니다. (CIP제어번호 : CIP2017034972)